平凡という非凡

地方中小メーカー
5代目が挑んだ企業再生

芦田裕士
ASHIDA HIROSHI

幻冬舎MC

はじめに

毎年数多くの中小零細企業が経営難に陥り、消えていっています。東京商工リサーチの調査によると、2022年の倒産件数は6428件で前年を上回りました。そのうち99・9％が中小企業です。

経営を立て直すためには、DXで効率化を図ったり採用を強化して人材を確保したりすることなどが必要だといわれていますが、資金に余裕のないなかでは選択肢が限られ、現実的には実施が困難な場合が少なくありません。

しかし、それを口実にして何もしないまま、ただ座して死を待つのみというわけにもいきません。大手企業とは違い資金や人材などの社内リソースに限りがあるのであれば、企業規模に見合った今できること、当たり前すぎて今さらに思えるようなことをひたすら徹底するしかありませんが、実はそれこそが経営改善のカギなのです。

私の会社も、かつてはその「当たり前」ができておらず、崖っぷちにありました。戦後すぐに創業した老舗のメーカーでありながら、高度成長期やバブル期のどんぶり勘定感覚が抜けず、赤字になっても危機感がなく、現場にも関心がない社長による放漫経営の結果、負債総額10億円を抱えて民事再生を余儀なくされました。

幸い民事再生終結後も企業として生き残ることができたものの、その実態は課題山積でした。ずさんな品質管理、やる気のない社員、生産現場に無関心な社長など、企業としての体をまったく成していない状態で、一命をとりとめたとはいえ、いずれ先が見えているようなありさまだったのです。

そのようななか、私は29歳のとき一般社員として家業であるこの会社に入社しました。そこで民事再生を乗り越えてこの先どうなるかということなど意にも介さないような無秩序ぶりを目にして、強い危機感を覚えました。

そして5代目として事業承継したあとは、企業としてのスタートラインに立つべく基本を徹底するという意識で経営改善を断行します。まずは絶望的な財務状況から脱するため、仕事を選ばず、どんな仕事も断らずに引き受けました。ここで大切なのは、納期厳守と品質管理の徹底です。メーカーとして当たり前のことですが、何よりその「当たり前」

ができていなかったのですから、ここは徹底しました。そしてただ仕事を増やすというだけではなく、この基本の徹底によって取引先の信頼を獲得し、金融機関に貼られた負のレッテルをはがすことにもつながりました。

また公正な評価制度のもと社員への利益還元を行って意識の向上と人材の定着を図り、生産性のボトルネックを解消するため将来の成長を見据えた設備投資を断行しました。いずれもひたすら現状に即した「今やるしかないこと」です。目新しいアイデアやノウハウなどなく、ただ実直に一つひとつ、「凡事を尽くす経営」に全力を注いだのです。その結果、現在では、民事再生終結時と比べ利益を7倍にして安定させ、社員は倍増、工場新設・設備を拡大しています。

私がこのように事業規模を拡大させることができたのは、何か革新的なアイデアがあったわけではなく、私自身に優れた経営能力があったわけでもありません。私の行った改善策は平凡かつごく当たり前のものばかりでした。しかし、この当たり前を徹底すれば、たとえ債務整理がかかるようなどん底の状態からでもV字回復できる可能性があるのです。

本書では、私自身の経験を踏まえ、教訓をたどりつつ、「凡事を尽くす経営」のあり方についてまとめました。先の見えない経済のなかで迷い悩んでいる中小企業経営者にとっての希望の一冊となれば幸甚です。

地方中小メーカー5代目が挑んだ企業再生　平凡という非凡　目次

［第2章］

［序章］

製造現場の放置、ずさんな財務管理、不透明な企業ビジョン……経営の〝当たり前〟ができずに窮地に追い込まれる中小企業

忘れられない入社当日の光景

「一体、これはどういうことなのか……」

2009年1月、入社当日に目撃した衝撃の光景を私は忘れることができません。就業中だというのに、事務所で漫画を読んでいる人、ネットサーフィンで時間を潰している人、敷地内の駐車場でマイカーを洗車している人……。私が東京でのサラリーマン生活を終えて心機一転、地元・岡山の父親の会社へ戻ってみると、そこには信じられないような状況が待っていたのです。

さらに驚いたことに、しばらくしても上司が注意をするようなことは一切ありません。社長や専務に至ってはそもそも会社に姿すら見せずじまいでした。

このような会社で本当に大丈夫なのか……。2カ月前に丸4年に及んだ民事再生手続きがようやく終結したばかりだというのに、私が入った父親の経営する会社では異様な光景が繰り広げられていました。それまでどのような経営状態だったかを知らない私でさ

え も、 業績が悪化し民事再生まで追い詰められた理由が理解できたような気がしました。そして同時に、強い危機感がこみ上げてきたのです。「なんとか会社としての生命はつながったけれど、自分が立て直さなければここからの本当の意味での再生は容易ではない……」

大手が復調の兆しを見せるなか、消えゆく中小企業

私が父親の会社に入った2009年は前年にリーマン・ショックが起きた影響もあって国内全体が不景気で、日本のGDP成長率は対前年比マイナス2・4%と大幅な下落を記録したタイミングでした。

その後も東日本大震災を経て、日本全体は長らく低成長を続けていましたが、コロナ禍の収束した現在、日本の上場企業の業績は軒並み好調で、続々と好決算を発表しています。東京証券取引所に上場する企業の2023年9月中間決算は、東証株価指数（TOPIX）を構成するプライム上場企業など、約1300社（金融を除く）の最終利

益の合計が前年の中間決算を上回り、過去最高水準を記録しました。

　2024年3月期の通期の決算でも上場企業の約6割が増益、3期連続で過去最高を更新する見込みとなっています。日経平均株価は24年1月下旬には34年ぶりの高値である3万6000円の大台を突破し、日本経済も復調の兆しを見せています。

　この要因としては、円安の影響により輸出で稼ぐ製造業の収益が円換算で押し上げられたほか、内需においても訪日外国人客の増加に伴い、サービス業などの非製造業も業績が好転していることが挙げられます。

　しかしその一方で、依然として多くの中小企業は厳しい状況におかれています。コロナ禍が始まった2020年以降は毎年全国で約6400～7700の企業が倒産しており、2023年度上半期の倒産件数は4年ぶりに4000件を超えました。このうち販売不振や業界不振などが原因となった「不況型倒産」は3377件を占め、前年同期から4割も増えているのです。それでもこれらは氷山の一角でしかありません。コロナ禍での緊急融資によってなんとか食いつないだケースも多く、2023年から返済が本格的に始まったことで今後苦境に立たされる企業は一層増える可能性が高くなっています。

負債10億円を抱えていた家業

経営難に苦しむ中小企業の多くは、複数の問題を抱えています。製造現場の放置、ずさんな財務管理、不透明な企業ビジョン……。私が入社した会社はこれらの〝怠慢〟が積み重なり、最終的には約10億円の負債を抱えて2004年に民事再生の申立を行いました。一連の手続きが終結したのは4年後の2008年のことです。

私がどうしてこのような会社に入ったのか――。それは父親の会社だったというのが理由です。私は関西の大学を卒業後、地元の企業に数年間勤務したのちに上京し、大手企業に就職しました。今私が経営している会社は当時父親が社長を務めていましたが、私自身は田舎の町工場のような小さな会社を継ぐ気もなく、都会で会社員として生涯を過ごすのだと考えていました。しかし、会社の人間関係や業務に疲れ、都会から逃げるようにして実家に戻り、父親の会社に入社させてもらうことにしたのです。

父親の会社が巨額の負債を抱えるまでに至った原因は、無計画でずさんな経営にあります。1980～1990年代は、景気が良ければ長期的な計画もないまま銀行から借入をして新しい商売に手を出し、新社屋のビルを建ててしまっていたのが実態でした。

1990年代に入り、平成不況が始まると、金融機関からの厳しい貸し剥がしにあい、窮地に追い込まれます。投資した新事業は成果が出ず、結果的に約10億円の負債を抱えて民事再生という道を選ばざるを得ませんでした。

私は入社して最初の半年ほど、役職もなく社内の雑用をしていました。当時は民事再生の手続きが完了したばかりで、依然として危機的な状況であるのにもかかわらず息子を入社させたことへの父と私に対する反発は強く、古参の社員から「お前の親のせいで会社が潰れた」と皮肉を言われたことは一度や二度ではありません。もちろんストレスではありましたが、当時は家業のことが何も分からなかったため「会社のために自分なりに頑張る」という一心で、必死に目の前の仕事に取り組んだことを覚えています。

古参社員たちの愚痴や文句は「給与は社長のお手盛り」「社長や専務はほとんど現場に顔を出さない」「この会社がどこを目指しているかなんて知らない」など、聞かされている自分が情けなくなるようなものばかりでした。いかにまともな経営ができていなかった

［図表1］　支援機関から見た、中小企業が自己変革を進めるうえで重要な取り組み

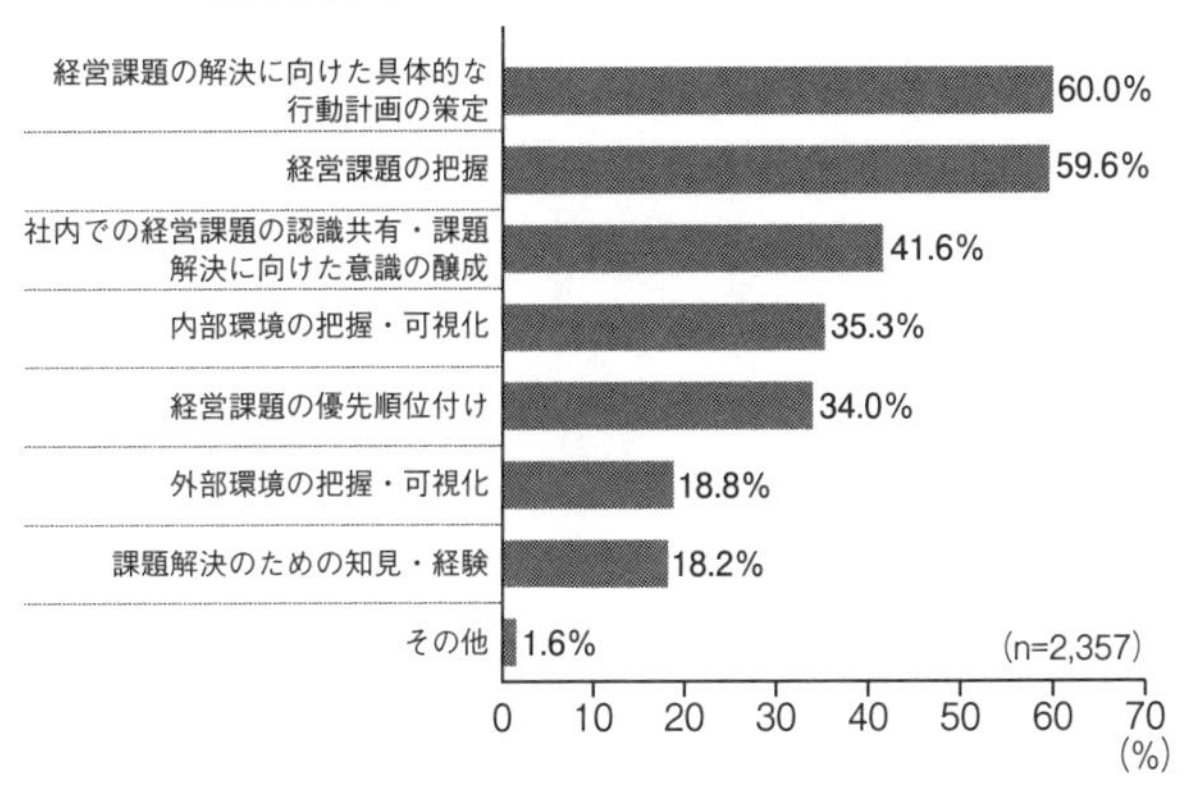

出典：中小企業庁「中小企業白書・小規模企業白書　2022年版」

のかを思い知らされると同時に、一方で自分がなんとか立て直しを図らなければ、この会社の再生は成し得ないという気持ちを強くしていったのです。

「当たり前」のことができない中小企業

しかし、まともな経営とは一体何なのか……。当時の私はそれすら分かりませんでした。一つだけ分かったことは、社員の誰もがいろいろな不満を口にしていて、それを社長の息子である自分に向けてくるという事実だけです。あれこれ考えても自分には何の力もなく、会社の事業内容すらろ

くに理解できていません。とにかく現場に出て、一つひとつ問題点を見つけ出し、地道にそれを正していくしかありませんでした。

「中小企業白書・小規模企業白書　2022年版」を見ると、金融機関や公的機関などの支援機関が、中小企業の安定経営に重要だと考えている取り組みを挙げています。そのなかでは「経営課題の解決に向けた具体的な行動計画の策定」と「経営課題の把握」が約6割と最も多くなり、「社内での経営課題の認識共有・課題解決に向けた意識の醸成」「内部環境の把握・可視化」「経営課題の優先順位付け」と、内部に潜む課題の改善を促すものが上位を占めました。

今この資料を見返すと何についていっているのかはおおよその見当がつきます。しかしそれと同時に、そんなことが分かったところで会社を再建することはできないということも分かります。

私が会社を立て直すために取り組んできたことは振り返ってみれば当たり前のことばかりです。しかし、苦しい企業はどこも「当たり前」ができていないから窮地に立たされているのではないかと思います。

　では、なぜ私はそれができたのか――。私には入社した当初、知識や経験、肩書といったものは何もありませんでした。ただひたすら現場の最前線に立ち、社員一人ひとりから不満の声を聞き、それと向き合うしかありませんでした。だからこそ、私は再生に必要な「当たり前」を徹底することができたのではないかと、今になってそう思うのです。

［第1章］

やる気のない社員、現場に関心がない社長……負債総額10億、民事再生を余儀なくされた地方中小メーカー

始まりはバブル崩壊と鳥インフルエンザによる経営の悪化

私が入社した２００９年の1月、会社は民事再生に関する一連の手続きが終結したものの、抜本的な経営改善ができていたわけではありませんでした。まだ多くの負債を抱えていて、いつ倒産へ転げ落ちてもおかしくない状態でした。

民事再生を申請したときには私は東京にいて、家業の実態についてはまったく知りませんでした。しかし入社して月日が経過するにつれて、経営難に陥った理由は誰に聞かずとも現場の様子からうかがい知ることができました。

そもそも今の会社は１９４６年、私の曾祖父が食品加工の合資会社を立ち上げたところから、歴史が始まります。高度経済成長期に入って事業を祖父が引き継ぎ、２代目として機械加工の事業を拡大、孵卵(ふらん)機を製造する部門を新たに設けました。

当初、製造にあたっては金属加工は外注し、木工部分のみを自社で製作していたのですが、ほどなく金属加工も内製化するために板金機械を導入しています。これが現在の事業のルーツになりました。

その後は事業も好調に推移し、銀行の融資も取り付けて新社屋のビルの建設に乗り出しました。しかしバブル崩壊を受けて、あっという間に土地・建物の資産価値が急落し、手のひらを返したように銀行の貸し剥がしが始まりました。

さらに追い打ちをかけたのが、当時流行した鳥インフルエンザです。取引先の養鶏会社から泣きつかれると祖父は情に流され、代金を回収しないまま売り続ける商いが続き、年々数千万円単位で負債が増えていったのです。

孵卵機の製造販売は、そもそも転換期にありました。技術が進んで10万羽、100万羽といった大規模な人工孵化ができる機械が普及しており、自社の1万羽程度の孵卵機ではもはや相手にされない状態で、作れば作るほど赤字が膨らんでいったのです。

民事再生という苦渋の決断

新社屋も手放して青息吐息の経営が続くなか、一方ではメーカーからの板金加工の発注が飛び込みで入ってくるようになりました。大手の水回りメーカーから板金でシステムキッチンを作る仕事の打診が来たときは大口受注に沸いて、板金機械を追加導入して対応したほどです。ところが、わずか2年でそのメーカーは内製化の方針となり、受注は9割ダウンとなってしまいました。

その頃の経営状態は、作れば作るほど赤字になる商品でも、長年の付き合いがあった取引先から求められれば、採算を考えず受注を続けていました。孵卵機以外の板金部門についても、自分たちから新たな取引先を開拓することもなかったのです。

年間売上13億円に対し、利益はわずか200万円ほどといった経営状況が続いていました。それにもかかわらず利益増のための対策もなく、まるで危機感のないありさまだったのです。

社員からお金を借りて資本金を増やすなど自転車操業を繰り返しましたが、とうとう金利が返せないところまで追い詰められました。M&A先を探したのですが買い手もなく、民事再生を決断することになったのです。負債は約10億円に膨れ上がっていました。清算型の破産手続きでは社員を全員解雇しなければなりませんし、再建も不可能になります。そこで民事再生という決断を迫られたのです。

［図表2］ 裁判所の下で行われる倒産手続き（法的整理）

事業を終結させる 清算型		事業を継続させる 再建型	
破　産	特別清算	民事再生	会社更生

出典：日本M&Aセンター「民事再生とは？破産との違い、手続きの流れを解説」

民事再生は経営陣以外、誰にも知らされずに実行が決まりました。社員にとってはまったく寝耳に水だったのです。営業も仕入れも前日まで普段どおりの受注・発注をしていたため、取引先からは非難轟々（ごうごう）でした。社員は大きなショックを受け、現場の混乱が続きました。

債権者集会は40社ほどが集まり、1社が反対しただけで手続きが進められることになりました。そうなったのは、債権者にとっては倒産されてお金が回収できないよりはましという判断があったのかもしれません。

民事再生によって破産して事業を終わらせるのではなく、債権者の合意を得て一部の債務を免除してもらったり、返済期間を延長してもらったりして事業を整理し、企業の継続を図ることになりました。社長は父の代から経理担当だった専務へと代わり、10億円近くまで膨れていた負債は10分の1に圧縮されました。裁判所に提出した今後の事業計画書には、リストラ、赤字事業の飼料麦加工、鶏卵、精米事業からの撤退、黒字事業の板金加工業への傾注により弁済を進めることが書かれていて、順次実行に移されたのです。

その結果財務も業務も整理し、身の丈に合った経営に移行していきました。取引先にとっては潰れかけの会社など不安でしかなかったと思います。大半の取引先が離れていき、手形で決済しすでに納入されていた材料や金型などを引き上げていきました。苦しい時が続いたのですが、ありがたいことに地元の同業仲間が気の毒に思って材料を分けてくれるなどして、ぎりぎり事業が続けられたのでした。

ただ、取引先の金融機関はすべて取引中止になりました。仕入れ先からの買い付けもできなくなり、知り合いの会社に頼み込んで材料を買ってもらい、そこから私の会社が買うというようなこともしていました。

4年して民事再生は終結を迎えます。ただし債務は依然として残っており、返済はずっと続いていました。大手術のあと一命はとりとめたものの、予断を許さない危機的な状態は続いていたわけです。

ところが、経営陣には危機感がありませんでした。民事再生になったことで倒産を免れたと安堵してしまい、そこに至るまでにどんな経営だったのかを省みる姿勢は薄かったのだと思います。

私が入社する直前のことで記録がほとんど残されていないため断定はできません。ただ、先代社長は、「こんな状態では、とても息子に引き継がせられないぞ」と言ったこともあるくらいですから、相当な危機的状況だったはずです。しかし、その原因は「時代が悪かったせいだ」と経営陣は考え、責任を外に求めてしまっていたのです。最悪の事態を回避できたところで思考が停止し、経営陣からは立て直そうという気は起こらなかったのでした。

役職なし、現場に入ったからこそ見えた会社の惨状

会社がそうした苦境に立たされていた頃、私は東京でクリエイティブ関係の民間企業に

勤めていました。しかし20代最後の年に、地元に戻って再出発しようと決意したのです。

それまでまったく異なる業界で働いていたため、板金の知識も技術ももち合わせていません。立場は平社員とはいえ、社員にとって私は「創業一族の息子」に違いありません。入社してからは、当然ながら上司や先輩たちから祖父や父がどのような経営ぶりだったのかを散々に聞かされることになりました。

祖父や父のエピソードを聞くたびに私は、そのような人間にはならないと強く心に誓っていましたが、当時の私はまったくの未経験者で、経営どころか社員としての知識も技術もなく、ただの使えない若者でしかありません。

溶接も曲げ加工もできず、倉庫の製品を運ぶのに必須となるフォークリフトの操縦も、入社前に慌てて資格を取ったほどでしたから、失敗ばかりでした。フォークリフトが思うように動いてくれず、扉にぶつけるわ、物を踏みつけるわと、かえって仕事を増やすようなありさまでした。

昔ながらの現場で、新入社員だからといって懇切丁寧に研修をさせてくれるわけではありません。加えて上司も先輩たちも、仕事のできない創業一族の息子を扱いかねていたのだと思います。上司からは私に回してくる仕事もなく、将来を期待しての働きかけもありません。誰からも見放されていたのです。何もできない私は、とりあえず倉庫の在庫整理から始めたのでした。

社員の士気は低いのに、納期が遅れないからくり

新人の私が見ても問題が山積していた当時ですが、不思議なことに製品の納期だけは一切遅れることがありませんでした。先輩社員たちを見ていると、どんなにだらだらと日中を過ごそうが、納期近くになったら残業して間に合わせていました。やれば、仕事はきっちりできるのです。つまり、どの社員も、プレス、溶接、曲げ加工といった製造技術については相応のレベルにあったといえます。しかし、社員の力を引き出す環境が整っていなかったのです。

もっとも納期を守れていたのには実は若干のからくりがありました。納期が重なりそうな引き合いが来たとき、仕事が忙しくなりそうだからと注文を断っていたのです。特に、

新規の案件は継続案件に比べて手間がかかります。このため、いつも請けていて手慣れている案件を優先し、新規案件は断るような受注の仕方が横行していました。

しかし受注案件の利益率など見ていませんから、作れば作るほど赤字になるような不採算の仕事でもいつも請けているものだからと受注してしまう一方で、その作業に人手が取られてほかの仕事はできないからと、新規の受注を狙った営業もかけないといった状態で、儲かっているわけではなかったのです。

受注も工程管理も、社員が日中に最大限の力を発揮できるよう、工場内全体の業務を整理して利益を生み出す環境をつくる必要があったのに、経営幹部も管理職も、まったく関心がないかのように無為に過ごしていたのです。

無計画な経営で削がれる社員のモチベーション

社員たちが業務整理・改善に対してモチベーションが低かった要因の一つに給料の低さがありました。債務を優先して返済しているので社員の賃金を引き上げることが難しく、最低ラインしか払うことができません。そのため、これ以上の不満をもつと辞めてしまうかもしれないと、経営陣は仕事をしろと追い立てることにためらいがあったのです。

少子高齢化の影響もあって労働生産人口も減少している現代社会において、中小企業にとって人手不足の解消は最重要課題の一つに挙げられます。大手に比べて知名度や福利厚生等の条件が劣りがちなため、そもそも求人を出しても応募がないということも珍しくありません。人材を新たに採れなければ今抱えている社員への負担が増加し、離職のリスクも高まります。こうした負の連鎖によって、人手不足は深刻化の一途をたどっています。

人手不足の原因の一つには、待遇に対する不満もあります。例えば、労働時間が長い割に給与が低い、仕事内容がきついなどです。経営者自身はなんとか改善をしたいと考えていても、何かと資源が乏しい中小企業にとっては、一つひとつの実現がそう簡単なことではありません。

しかし、これらの問題が解決されないままだと「この会社で働きたい」という社員の意欲は高まるはずもなく、無情にも会社や経営者の求心力は確実に低下していきます。そうした負の要因が積み重なっていき、生産性は向上しないまま業績が低迷していくという最悪の事態に発展していきます。
父の会社でも文句を言わせないためボーナスを年に3回出していた時期もありました。年間の利益を見ればとてもそんな余裕がないことはすぐに分かるはずなのですが、大きい受注で相当の入金があると、ろくに計画を立てることもなくむやみやたらに支給していたのです。

その結果、会社には次のような問題が起きていました。

- 技術を磨かなくてよい既存の案件を最低限の労力でこなすため、技術力が上がらない
- 不良品の発生が増え、リカバリーを含めると2~3倍のコストがかかる
- 不良品を出した際は始末書を入力するだけで、また同じ不良品を出してしまう
- クレーム処理も右から左へと聞き流し、クライアントに不信感を与えてしまう
- トラブルやミスもその場限り・当人限りの情報とし、振り返りで共有しない
- 現場の担当者同士が会議をもち、状況を共有したり改善の緒を探したりすることがない

こうした現場を幹部がどのようにとらえていたかというと、幹部会議では豪華な仕出し弁当を食べながら各部門が厳しい見通しの報告をし、最後に「赤字で厳しいところだが、皆で力を合わせて頑張ろう」といった具合に、掛け声だけが響いていました。

まさに行き当たりばったりの経営だったのです。

すべての部門が見渡せる出荷部門への異動

私は倉庫の在庫を整理する雑用係から半年して、出荷部門に配置転換となりました。これも消去法的な異動で、プレス、溶接、曲げ加工といった技術の必要な部門では使えそうにないと判断され、異動先は出荷部門しか残っていなかったのです。しかし、おかげで会社のさまざまな部門の仕事を見ることができました。

出荷部門は仕事のできない人のたまり場のように扱われていましたが、出荷部門に配属されたことで、さまざまな部署の社員と頻繁に会話する機会を得ることができ、業務の工程に関する全体像を把握するのに大いに役立ちました。

出荷部門は最終チェック部門です。製品の品質を確認し、数を合わせて、発注書どおりの状態を確かめてからトラックに積み入れるという、仕上げの工程です。

出荷部門では、顧客へ渡す寸前の水際チェックで不良品を発見したり、納品間際なのに必要な製品がまだ届いていなかったら該当する部署へ進行具合を確かめたり、関連する部署へ作業の優先度を調整してもらうために交渉に行ったりと、さまざまな部門を通して製品を最終的に集めます。いってみれば、すべての工程を束ねる最終的な砦のような部門です。受注、設計、仕入れ、製造、仕上げと、営業から技術まで、すべての部門の連携状況を見ながら毎日の状況を把握していくうち、社内の業務の全体的な流れが把握できるようになりました。この経験をもとに、あとになって生産管理に関する業務も並行して行うようになっていったのです。

出荷部門では、リーダー格の先輩社員が生産管理も並行して行っていました。商品別の出荷一覧を表計算ソフト（エクセル）で管理していたのですが、あるときその人が脳梗塞で倒れてしまい、生産管理も私が代わって行うことになりました。

ところが引き継いだエクセルを開いて驚きました。何百種類にも及ぶ商品の情報がすべて手打ちされていたのです。計算ソフトなのに、ただのマス目のついた伝票と化していました。これでは手書きと変わりません。何百点もある商品を手作業で番号を調べ、毎回手入力していれば、見間違いも打ち間違いも起きて当然ですし、確認作業も膨大になります。面倒になって、入力そのものが後回しになるかもしれず、これでは何を管理しているのかも分からなくなってしまいます。

私は、商品をマスター管理して情報が自動的に呼び出せる関数を組み込み、出荷一覧をデータ管理できるようにしました。これで確認作業の余計な時間から解放され、更新作業の効率が大幅に改善されました。各部署の進捗状況がその日のうちに確認できるようになり、生産工程の調整にタイムラグがなくなっていきました。

こうして私は、在庫管理から出荷管理、生産管理と、次々に管理業務を兼務していったため、時間に追い立てられるようになりました。日中は現場で出荷作業を行い、終わったら出荷した商品の売上の管理や部品の在庫・資材原料の確認、各工程の進捗チェックと、作業は夜遅くまでかかってしまいます。

残業が当たり前になって心と体を壊すほど不幸なことはないと東京での勤務で痛感していましたから、早く仕事を終えたい一心で各作業の仕組み化を考えました。といっても、エクセルの関数で各部門の管理表を連動させる程度のことでしたが、それでも劇的に管理の手間は改善されていったのです。

だんだんと見えてきた会社の問題、そして改革が始まる

自分なりに現場の工程管理を整理して3年ほど経った頃、取締役に就任が決まりました。役員といっても肩書がついただけの名ばかりで、実際のところは現場の業務はそのまま、さらに管理する仕事が増やされ、財務管理業務を兼任するよう命じられたのです。生産管理に売上管理、在庫管理、入出金管理と、会社が行う事業が勢ぞろいしたわけです。あれこれと管理の仕組みを整備するうち、会社運営の輪郭が見えてきたように思います。

役員の肩書がついたことにより、現場の管理者と話がしやすくなったのもメリットでし

た。現場の総監督である工場長にあれこれ相談しながら、各部門のリーダーを頼って、どこを工夫すればよいかを聞いて回り、もらった意見を取り入れて他部署との調整を行っていきました。黙々と作業の改善を積み重ねるうち、その姿勢が少しずつ周囲に良い影響を与えていったようです。社員も時間効率を考えて自分から工夫するようになっていきました。

当初は、私が中心となって各現場をつないでいたのですが、現場同士が連携して生産管理を行うようになるにつれ、現場担当者同士が情報を共有する必要性を痛感するようになっていきました。実は、それまで現場の管理者が集まる会議がまったく行われていなかったのです。そこで、週1回のミーティングを提案し、現場のリーダー格の担当者が集まり各部門の現況と問題点を出してもらうことにしました。

進捗が遅れているところをどうカバーするか、残業が増えているところをどう改善するかなど、互いの状況を尋ね、自分たちのできることを出し合うなかで、無関心だった別部門の業務が自分事になっていき、ことさらに助け合うようにとか、力を合わせるようにとか命じなくても、自分から協力し合うようになっていったのです。

また、生産管理の改善のかたわら、社員の仕事ぶりについても少しずつ改善を図りました。現場のリーダーと相談しながら仕組み化できるところを探り、個人の能力に頼らない職場にしていったのです。

特定の人しか扱えない属人的な仕事は、その人が休んだり辞めたりすればたちどころに業務が滞ってしまいます。ビジネスでは誰がやってもある程度の水準になるように、環境のほうを整えておく必要があるのです。

製造業の場合、どうしても職人技が光る仕事ぶりの社員が出てきます。それまでは辞められると困るからと、不満が出てくるたびにその人の給料を上げる形で引き止めていたのですが、それが知れると社員間で不公平感が出てきます。モチベーションは仕事の品質に直結しますから、誰にとっても納得のいく職場環境の整備は喫緊の課題だったのです。

突然渡された5代目のバトン

現場をうまく回すため、生産管理に売上管理、在庫管理、入出金管理、人材管理と、徐々に管理体制を整備し環境を整えていきました。工場長をはじめとした現場のリーダーたちとも顔がつながり、コツコツと現場を回って話を聞く姿が社員たちの目にも留まって環境整備に協力してくれることも増え、少しずつですが会社が回り始めたような手応えを感じ始めていました。

そんな矢先、突然社長に就任することになったのです。

社長就任は、私に力量が備わったからという理由ではありません。民事再生の終結から8年経ち、規模は小さいながらも板金部門は黒字が定着し、内部留保もめどが立ちつつあるという理由からです。事前の打診も調整もない突然の交代劇で、私は社長になる心の準備も体制も整わないまま、経営者となったのでした。

私は初めから社長になることを目指していたわけではありません。いわば経営する側ではなく、経営を外から見ている立場で会社の様子を観察していました。予期せぬ社長交代を前に、途方もないところへ放り込まれたと頭を抱えたものです。しかし、視点を変えれば、それは会社の過去に縛られずに経営課題を把握し、客観的な見直しを行っていくチャンスでもありました。

当然のことながら、経営者になったからといってこれまでやってきた現場管理の仕事がなくなるわけではありません。つまり、今までに加えて経理も人事も回していく状態になったのです。

さらに、債務の返済がまだ残っている状態にもかかわらず、社長交代に伴い前社長の退職金の支出でキャッシュが大きく落ち込み、心細いことこのうえないスタートとなりました。とはいえ、経営者となって経理や人事に向き合って初めて分かったことが多くありました。このタイミングでの交代もまた私にとって意味のあるものだったと思います。

社長就任後、最初に手を付けたのは人事評価制度

社長就任後、まず変えようと思ったのは社員の態度でした。当時25人ほどが働いていたのですが、どの社員も仕事に対するやる気が感じられませんでした。

就業時間中に漫画を読んでいる、インターネットを見て時間を潰している、自分の車を

会社の駐車場で堂々と洗車している、退職していった元社員が遊びに来て歓談している、二日酔いでぐったりと寝たまま起きてこない……。現場のあちこちにこんな社員がいて、終業時刻となる頃にはさっさと帰宅準備を始め、残業する社員を横目に退社していくのです。かと思えば、日中のだらけ具合が嘘のように定時過ぎから本気を出し始め、残業代を稼ぎまくるぞという社員もいました。社員のやる気さえ引き出せれば会社はもっと業績が上がるはずでした。

そこで私は社長就任後に人事評価制度の改革に着手することにしたのですが、驚いたのは管理職の手当や昇給でした。管理職手当はたったの3000円で、昇給も能力に関係なく一律だったのです。これではやる気になるはずがありません。前社長に聞くと、みんなそれぞれ頑張っているのだから差をつけるわけにいかないというのが理由でした。私は同じ頑張りといっても成果が異なれば会社への貢献度も違ってくるし、差があって当然だろうと、常識的な話をしてみたのですが、これがいちばん平等な解決方法だという回答しか出てこなかったのです。

しかし、平等と公平は違います。人事評価にも改善課題が山積していることが分かってきました。しかし、ここで私が無気力になっている暇はありません。もう今は私が経営者ですから、自分がなんとかしていくしかないのです。

私は、生産管理などの現場の仕事はそのままに、経理も総務も経営も引き継ぎ、毎日をこなしていくようになりました。日中は現場を回り、夜は社内の課題をあぶり出すなどデスクワークに没頭しました。コツコツとデータにできるものをエクセルに入れて、毎日数字を追いかけていき、気になることがあれば現場のリーダーに相談して何が起こっているのかの把握に奔走したのです。

そういう姿を見せていたからか、現場のリーダーをはじめ、社員の仕事に対する意識も少しずつ変わっていったように思います。製造業の社員たちは、もともと職人気質というか、技術に対する思い入れが強い人が多いため、技術的な成長段階に応じて昇給やボーナスの差を大きくしていったり、普段の働きぶりを見て年功序列と関係なくリーダーへ抜擢(ばってき)したりと、公平な人事評価を進めました。するとやる気のある社員は大きく伸びていき、仕事の質も向上していったのです。

　仕事の受注についても変化が出てきました。かつては立て込んでくると現場ができないからと断っていたような仕事も、各部署が協力して知恵を出し合うことで乗り越えていけるようになっていったのです。

第2章

メーカーの命である「品質管理」は徹底できているか――。
納期を厳守し、どんな仕事も断らずに取引先の信頼を獲得する

生き残るためには「信頼される企業」になること

健康な企業に必要なものは体力です。知力も気力も、ここ一番というときに踏ん張ることのできる体力があってこそ、最大の力を発揮することができます。資本に限りのある中小企業にとっての体力は営業利益、つまり、本来行うべき事業において得られた売上から経費を除き、手元に残ったキャッシュです。

私が社長を引き継いで前任者たちへ退職金を支払ったときは、キャッシュがほぼ底をつき、生きた心地がしませんでした。企業には毎日事業を続けるための安定したキャッシュが必要です。事業活動以外の一時的なお金に頼っているとすぐに息切れしてしまいます。

安定した利益を生み出すため、本業の売上を伸ばして収入を増やし、効率化や失敗防止などを図って無駄な費用を省き、支出を減らす――。言葉にしてみれば当たり前のことなのですが、この地道な積み重ねでキャッシュを増やしていくことが日々の運営を円滑にするための最重要課題といえます。

売上を伸ばすための特効薬はありません。毎日の規則正しい生活のなかで少しずつ体力がつくのと同じで、売上も日々の積み重ねで少しずつ増加させていくものです。しかも、体力は自分一人でも管理できるものですが、企業活動の場合は、必ず取引先という相手がいます。このため、売上を伸ばすには、相手から信用を得て取引を強化していくことが最も重要だといえます。つまり、信頼される企業になることは、次の着実な受注や、大きな融資へとつなげていくための企業の経営戦略の柱というわけです。

私は、社長の役目は仕事を取ってくることだと考え、取引先や金融機関の間を回っていました。ビジネスにおける信頼は、ただ「真面目にやっています、信頼してください」とアピールしても得られるものではありません。特に、私の会社の場合は民事再生まで追い込まれた企業ですから、信用はマイナスからのスタートでした。

製造業にとっては納品する商品が企業の価値を物語ります。メーカーに求められているのは、注文どおりの商品を、決められた期日までに顧客に届けることです。このため、すべての取引先と真摯に向き合い、どんな要求に対しても柔軟に対応しました。何より、納期の厳守と納品物の品質の確保を地道に積み重ねるなかで、取引先からの信用を勝ち得て

［図表３］　QCDとは

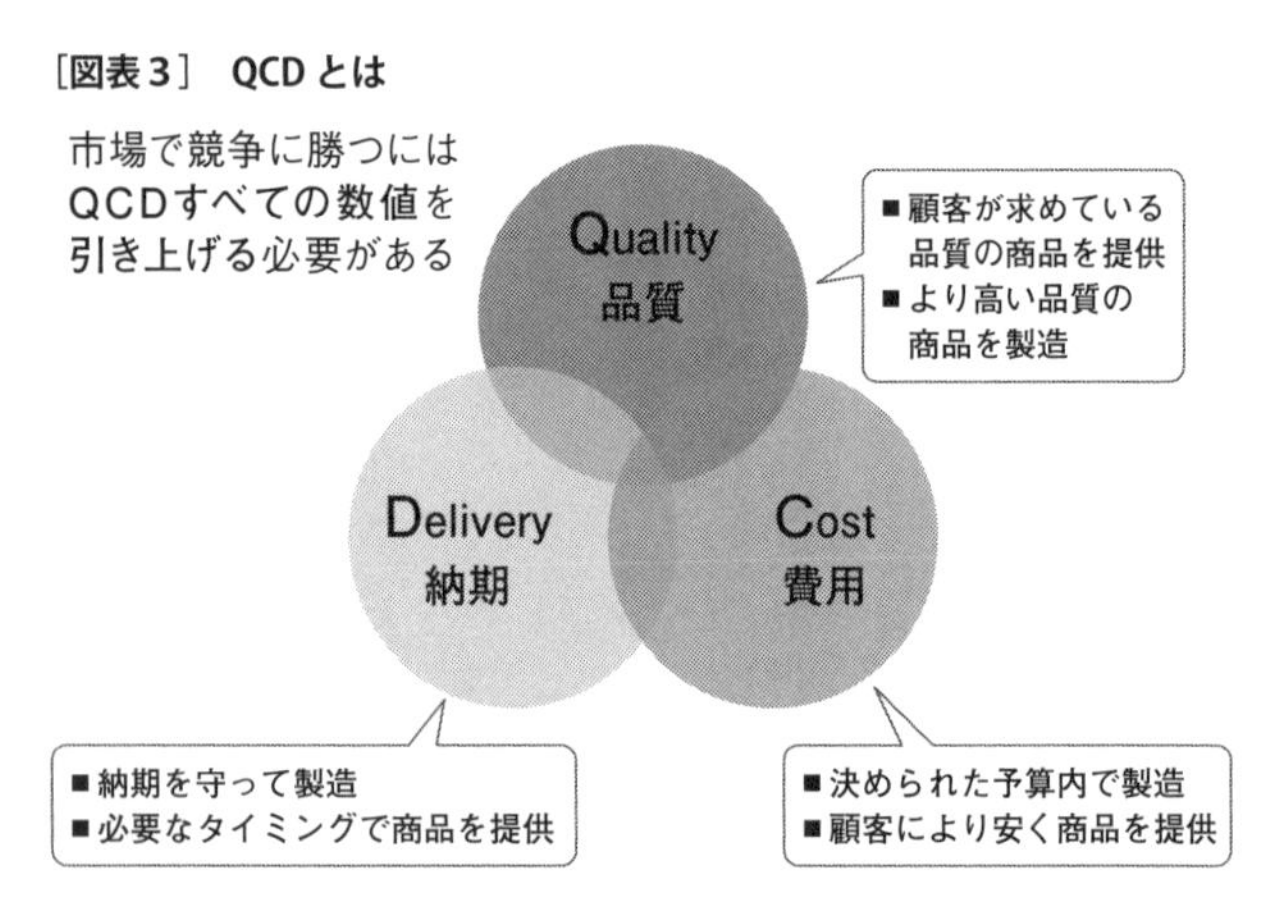

出典：ITトレンド「生産管理におけるQCDとは？生産性が向上する改善方法を紹介」

いきました。

取引していた地銀からは、「（業績が良くなってきたので）昔のことは水に流して取引を再開しましょう」との申し出がありました。その背景には、それまでほぼ毎日赤字だったのが、利益率が５％以上出るようになったこともあると思います。

信用を回復することで、民事再生手続きの前と現在では、融資以外にも福利厚生案件や投資案件を提案してくれるという変化も見られました。

生産活動の３条件と呼ばれる「ＱＣＤ」というものがあります。Ｑはクオリティ、つまり商品の質。Ｃはコスト、原価です。

Dはデリバリーで納期を指します。あとがないところからの出発でしたから、初めからQCDを意識していたわけではありませんが、結果的に企業としての信頼を得るために行っていたのは、この3条件で構成される品質管理だったのです。

目標なし、指標なし、自覚なし、本末転倒の現場

企業が健全な事業経営をしていくためには、欠くことのできない三つの「当たり前」があります。品質管理、社員への利益還元、設備投資です。

第一の「当たり前」である品質管理ですが、初めは問題だらけで、どこから手を付けようかと頭を抱えるほどでした。

会社には納期だけは守るという姿勢はありました。ただ、納期を守ることが目的となってしまい、守れる仕事だけ受注するという本末転倒の状態になっていたのです。しかも、社員は就業時間中だらだらと時間を潰していて、終業時刻を過ぎてから本気を出し、間に合わせるために残業するという働きぶりでした。要は間に合いさえすればなんでもいいと

いうわけです。

そのような姿勢でしたから、商品の質の確保についてもいいかげんといってよい働きぶりでした。工程管理はすべて工場長の頭のなか、全体像が分かるところはありません。現場の作業者は納品までのプロセスを把握しないまま、自分のところに回ってきたものを言われたようにしていくだけでした。

各部署のリーダー間の連携もなく、リーダーが集まるミーティングはおろか、隣り合った工程の部署同士で情報を共有することすらありません。このため、納品までの流れもスムーズに行かず、作業も人間関係もギクシャクしがちでした。


また、作業員の勘に頼った無造作な作業で、板を重ねたことに気づかぬまま打ち出してしまって、使い物にならなくなった、棚から出す品番を見間違えたなど、うっかりしたミスによる部材の無駄や検品時の不良などを出してしまうこともしばしば起きました。

そして、ミスを出したときも、当人が報告書を出すだけで終わってしまい、フォローはありませんでした。二度と同じ失敗を重ねないように改善を図るということがないため、同じような失敗があちこちの部署でいつまでも続いていたのです。

　軽く挙げるだけでもこのように課題山積でした。こうした仕事の姿勢には、顧客への視線は感じることができません。ただ漫然と時間を過ごしているだけだったのです。

　不良品も積み上がると大きな額になります。当時、年間にすると単純計算で４００万円近くは「防ぎ得たミス」が足を引っ張っていた計算になります。

凡事の改革①
来たものはすべて受け、納期を守る

　現場の状況には頭を抱えつつも、今できることから動いていかなければなりません。まず重要視したのは納期でした。もともと納期を守ろうという風土はある程度現場に根付いていたこともありますし、何より、期日というはっきりと見えるものに対して守れたか守れなかったかという2択しかないわけですから、納期は、とてもシビアに企業の質を示すことができる指標なのです。

［図表４］　年間売上高第１位の取引先（顧客）との関係（納期）

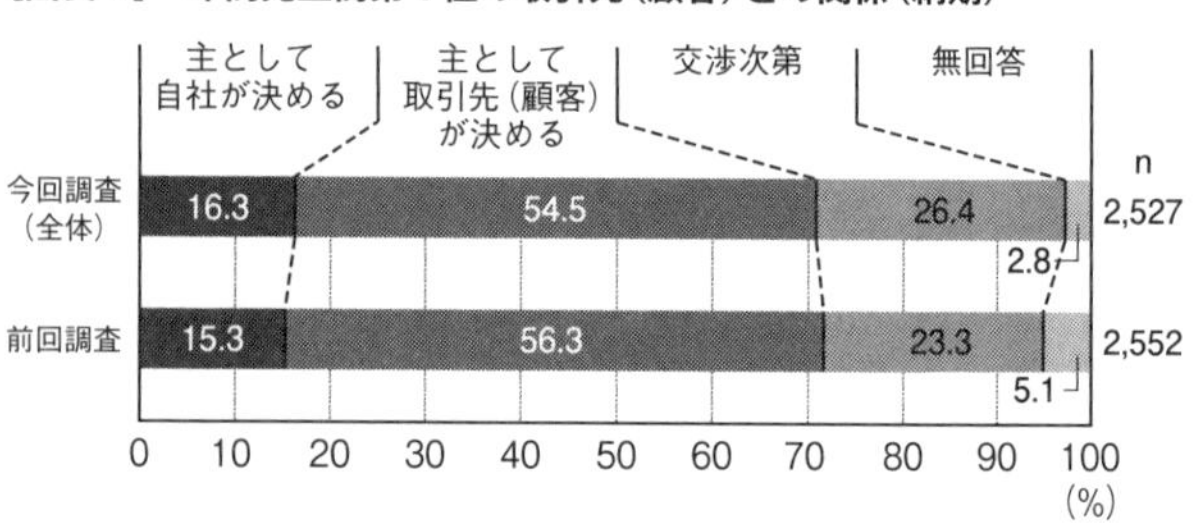

出典：東京都『令和３年度　東京の中小企業の現状─製造業編─』

期日を守ることができない企業は、一瞬にして信用を失います。

東京都が行った調査によると、納期に関し、年間売上高第1位の取引先（顧客）が決める場合が5～6割ほどで、取引高が大きく依存度が高い取引先ほど納期の決定権が顧客側にあることがうかがえます。

現在は労働時間等設定改善法や下請法もあり、発注元に対し長時間労働につながるような短納期の発注や頻繁な発注内容の変更を行わないよう国からの指導も入るようになっています。

とはいえ、顧客にとってはこちらからの品を受け取ったあと、さらに次の工程に回すわけで、そのために必要とされているのが納期です。それに合わせるのは、産業の流れを担う一端として、とても重要な約束事といえます。だからこそ、納品側としては顧客を思い、真摯にビジネスに向き合う姿勢として、最も重要視すべきものとなるわけです。

何がなんでも納期は守ろうと考えて、1～2日という短納期で打診が来たときも積極的に受注していきました。初めはとにかく指定の納期を断らなかったのです。

もちろん、実現不可能な納期は引き受けたりはしません。納期に間に合わせようと品質を下げることもあってはならないからです。このため、相手の要求の妥当性や重要性と、自社の製造の実力を、常にてんびんにかけて交渉にあたりました。

例えば、どうしてもその期日までに必要なのだという納期重視の話であれば、納期までに製作できる量を示して分納できる道を探ったり、予算の上限があり金額を上げられない場合は納期に融通が利くかを検討してもらったりと、互いの要求がちょうど中間地点になるような落としどころを探っていったわけです。

どんな注文も断らないとはいえ、作業現場が製作できる状態でないと納品できません。

このため、社員に対しては仕事のパフォーマンスを上げて時間内に集中して作業できるよう、また現場のリーダーに対しては工程管理を徹底させるよう働きかけていきました。

社員にとっては、案件が重なってくると残業が発生するなど、一時的に作業の負荷が増えてしまいます。そういうときは、こまめに現場へ足を運び「すまないねえ」とお願いして回りました。こちらの意図を汲み取って踏ん張ってくれている社員には、その頑張りをきちんと見ていることや努力に見合った分を返していくつもりがあると伝え、実際に評価していきました。

これまでに扱ったことのない量の仕事になると、苦しく感じる場合もあるものの、1～2週間もすると、仕事のペースが速くなって慣れていきます。むしろ、多少の負荷があったほうが手応えにつながり、スキルアップする人も少なからずいました。

地道に仕事を受け続けるうち、納期どおりにスピード納品する営業スタイルが自社の強みとなっていきました。「芦田さんならなんとかしてくれると思って」「ほかにいないから」と発注も増えていったのです。

どんな注文でも断らずに向き合った例では、試作品の納品もあります。試作品は量産しないため、効率の悪い注文です。しかも開発中のものですから、たいていの場合、急ぎの納品なのです。受注側にしてみるとうまみの少ない案件ですが、丁寧に注文を拾い、納めていきました。

こうした納品に対する姿勢が積み重なって信用を高めていき、記憶に残る納品として取引先に浸透し、信頼の獲得につながっていきました。売上は、社長就任の初年度はわずか200万円でしたが、翌年度からは2000万円になったのです。ありがたいことに、今では、指定の残業時間を超えないよう、利益率が高い仕事にシフトして、受注量を調整するための交渉もできるほどになってきています。

凡事の改革②
納期と工程の進捗をリーダーと共有

中小企業の場合、仕組みとして品質管理をするといっても、大手メーカーのように規模にものをいわせてＱＣＤ（商品の質・コスト・納期）の効率化を進めていくわけにはいきません。多品種小ロットになりがちですし、1～2日といった超短納期のものもあります。

商品ごと・納期ごとに細かな工程が違ってきますから、いちいちマニュアルを整備したり、ガントチャートでリソース配分を最適化したりするなど、大企業の真似はしません。パソコンを扱えない人もいるなか、高機能な専門ソフトになると、生産に関係のない管理作業を覚えるのに手間が増える一方となってしまい、本末転倒になるからです。

無批判に「マニュアルが重要」と言う前に、そもそもなぜマニュアルや工程管理ツールが必要だとされているのかの真意を理解できれば、その目的を達成するためにどのような環境をつくるのが自社にとって最適となるのかという順序で考えていくことができるはずです。

実行性の高い組織には「三つのル」が整備されているといわれています。三つの「ル」のつくもの、それは「ロール」「ツール」「ルール」です。

ロール、すなわち組織内の役割については、それがきちんと分かれていて、なんのために存在するのかの立ち位置が明示されていることです。また、役割に応じたやるべきことや役割ごとの権限の範囲が明確で、意思決定の優先順位など上下関係がはっきりしていて迷うことがないこと、横の関係では部署間の申し送りなど、工程管理の流れが明確になっていることなどが重要とされています。

ツール、すなわち施設・設備や連絡手段などについては、汎用性また拡張性の高い規格で統一し、状況の変化にも対応できることや、ひと目で分かる工程管理の方法により各部署が随時情報共有できる仕組みを整備することなどが挙げられます。

ルール、すなわち要領の確立では、操作の習熟に負荷のかからないシンプルな手順を整理します。そのうえで、初級者や部外の人が応援に入った場合でも迷わないよう判断基準を明確にし、マニュアルなどの見える形にして全体を統一し、時間や人的コストの削減を図ることが重要とされています。

そして、これら三つの「ル」の実行性を高めるために重要となるのが、操作の習熟と進捗管理です。組織としての目的や目標、役割といった大きな枠組みを共有し、同じ方向を目指して各部署が連携していきます。そのプロセスを最も効果的にするため、操作の規格化や標準化、連絡手段の統一、トレーニングなどが重要となってくるわけです。

このように見ていくと、マニュアルをつくることが重要なのではなく、作業者がミスしたり迷ったりするのを防ぐために手順や判断基準の統一と可視化が必要なのであり、それに最も適した手法としてマニュアルの整備が多く採用されてきたのだということが分かってきます。

大規模な作業や繰り返しの作業が多い場合、マニュアルは非常に有効な手段となります。しかし、私の会社のように多品種小ロットで短納期のものが多い場合には逆効果です。手順や判断基準の明確化という本来の目的を考えて、基本操作や基本的な注意事項については毎回徹底させ、個別の操作はその都度関係者がルールを確認し合う柔軟さが必要になります。そして、臨機応変の対応を適切に行うための部署間の連携強化が重要になってきます。

このため、中小企業の工程管理は極力シンプルにすべきで、「見える化」と「パターン化」はその一つであり、どのような方法をとるにせよ、手順と判断に迷わないものであればよいということが分かります。いちばん重要なのは、現場の社員が仕事の合間でもさっと扱えて、しかも誰もがひと目で情報共有できるものを使うことです。

例えば、私の会社では、ホワイトボードで毎日の作業の状況を共有し、売上や在庫など数値で管理する必要があるものはエクセルを活用しています。


また、品質管理の仕組みで最も重要なのは人、つまりQCDを支える現場の各部署のリーダーとの連携です。社内では、小さなミスが大きなトラブルへ発展しないよう、リーダー同士でこまめに情報共有し、リカバリーできる仕組みをつくっています。

社長が入るミーティングは、週の初めに2～3時間程度、各部署のリーダーを集めて行い、現在稼働している商品の納期と各部署の工程の進捗を確認し、経営上の大きな課題や改善点はないかを確認します。これとは別に各部署では毎日10～30分程度のミーティングをもって、製品の仕上がり具合についてこまめに現場の状況を共有しています。

ミーティングでは、社内全体での進捗把握や現在稼働している業務の目標となる納期の共有、社全体での取り組み方針や優先順位の確認、各部署の進捗などの申し送りを行います。併せて、各部署で生じている課題やノウハウの共有、改善や目標達成に向けた人員配置などの調整や最適化のすり合わせをして、問題が小さいうちに解決できるようにしています。

例えば、板金の曲げ加工に失敗が出やすいという話が出れば、部長や専務といった経験豊富な人から注意点を伝えるなどしてノウハウを共有したり、溶接作業の人手が足りないから残業が厳しいという話が出れば、今はこちらの部署の手があるから2人ほど回す調整をしたりするなどと、状況を共有し合うからこそ負担の少ない形で軌道修正していくことができるのです。

凡事の改革③
歩留まりの向上は仕組みで解決

職場にミスはつきものです。作業効率が下がりますからミスはなくしていくよう工夫する必要がありますが、ミスがまったく報告されなくなったときは、かえって注意が必要です。懲罰などを受けることを恐れて自分たちだけで解決してしまおうとし、結果的に隠蔽（いんぺい）する状況を生み出している可能性もあるからです。

作業工程上でミスが発生した場合、最もしてはならないことは、ミスを起こした本人のなかに原因を探ろうとする姿勢です。これが職場のなかで明らかになると従業員は「犯人捜しをする会社なんだ」と受け止め、叱責を怖がって萎縮し、隠蔽体質になってしまいます。

現場でミスが発生したら、小さな芽のうちに摘み取るようにします。働きかける先は、ミスをした本人ではなく、現場のリーダーです。仮に、ミスの引き金がヒューマンエラーであったとしても、原因は人物の属性（「経験不足だったから」「老眼だから」「もともとそそっかしい人だから」など）に求めず、作業プロセスの仕組みに課題がないかを分析してほしいのです。

例えば、工具が勘違いしやすい配置になっている、品番と品名を見間違えやすいラベルの貼り方になっている、動線が複雑でぶつかりやすいなど、職場のリーダーと課題要因を洗い出し、誰が作業に携わってもミスを回避できるように解決策を検討していくことが重要です。

ところで、ヒューマンエラーを起こした当人への対処については、人が起こすものだから仕方ないと諦めるのも、その人だけの問題だからと放っておくのもNGです。その人の特質や知識・経験などにより、エラーを引き起こすきっかけとなる要素はさまざまだからこそ、人の特質についてもエラーにつながりやすい客観的な要素として洗い出す必要があります。

例えば、エラーを引き起こす要素としてはざっと挙げただけでも、年齢（世代の価値観）、生活環境、健康状態、心理状態、コミュニケーション能力、表現方法などがあり、これに作業環境や組織の人間関係などが掛け合わさっていきます。その結果、知識不足や経験不足、誤認識、判断力低下、思考停止、近道行動などの行動が問題化し、エラーにつながっていくのです。

知識不足によるものでは、現場独特の言葉や手順、機械や商品などの略語が分からず、何を言っているのか聞き取れず質問もできない状態になっていたため、自分なりに考えて作業してみたが失敗したという場合があります。

その業界にいれば常識の言葉だったとしても、経験の浅い人にとっては具体的に何をどのようにするかを示す必要があるわけです。「きちんとしとけ」という指示ほど相手に不安を与えるものはないと心得て、誤解なく意図が伝わったかを具体的な行動内容で確認するだけでもミスを事前に防ぐことができます。

経験不足では、「一度やったことがある。そのときはうまくいったから」と、同じ方法でやってみたが失敗してしまった、それがやはり現場を任せるのは難しいという話につながる場合があります。

どんな人でも試行錯誤は必要で、場数を踏むから感覚がつかめるようになることは分かっています。しかし、失敗すると現場の足を引っ張ることになり工程が止まってしまうため、経験を積んでほしい仕事ほど「未熟だから任せられない」とベテランが引き取ってしまうのです。これでは失敗してはいけないと萎縮し、ますます経験が積めない悪循環に陥ってしまいます。

まず経験不足は誰にでもあるものだという点は明確にしつつ、どのレベルまでは自信をもって対処でき、どの部分からは何を教えてもらい、どのくらい時間をかければできる見込みなのかを客観的にとらえることです。そして、工期に合わせてどんな経験を積むことができるのか、周囲の見守りやフォローはどの程度可能なのかを整理していくことが重要です。

誤認識では、知識や経験不足、前提となる認識の違いから誤った思い込みが発生します。「いつもこうだから」「普通はこうするはず」といった決めつけで行動し、大事なことを見落として失敗する場合があります。

どんな人間でも認識違いは起こしてしまうものだと理解し、単純な作業ほど手順を紙に書き出す、番号を振ったり色を変えたりして目立たせるなど「見える化」したチェックリストで確認する、紛らわしいものは離れたところに配置して取り違えないようにするなど、うっかりしたミスにつながらないようにすることが重要です。

判断力低下は、体調不良や思い悩み、一時的なパニック症状などの変調で起こる場合があります。また、季節の変化や加齢などでも、記憶力や認知の速度が低下したり、瞬発力や回復力が落ちたりします。体調や認知の状態は、社員一人ひとり異なりますし、常に一定というわけでもありませんから、毎日状態を観察し、調子が悪そうなら早めに休むよう上司から声かけしたいところです。

もちろん、本人が自分の体の状態をよく観察していくことが重要ですが、本人から体調が悪いと申し出があったときに、正式に受け止めてもらえる素地をつくることも必要です。気合や根性論で「体調管理も自己管理のうちだぞ」など、調子が悪いことを能力のなさのように評価していると、何も言えず無理を重ねてしまい、大きな失態につながりかねません。

思考停止していると、「みんながやっているから」「言われたとおりにやっているだけだから」といった具合に、作業内容に違和感を覚えていてもそれ以上考えることをやめてしまい、何も考えずにルーティン作業だけを続け、することがなくなっても指示があるまで手を止めて待ってしまう場合があります。

このような指示待ち人間が出来上がってしまう背景には、何を言ってもとりあってもらえなかった、工夫してやってみたことを否定されたなど、「考えても仕方ない」と思ってしまう経験が重なっていることがあります。単に「頭を働かせろ」と指示するだけでは解決しません。まず、前向きな提案は積極的に採用されることを明確にしたうえで、一つひとつの作業に対し、どのような意図で何を目指しているのかを共有し、そのためにどのような点に気をつけたいかを一緒に考えるなどの働きかけが必要となります。

近道行動には、「どうせ分からない作業だから」「間に合わないから」などの理由で、本来すべき作業を別の作業に置き換えたり中止したりする逸脱行動などがあります。明確なルール違反になるものもあれば、グレーのものもあり、特にグレーゾーンで行ったことで失敗すると、「ほかにもやっている人がいるのに、たまたま見つかったのは運が悪かった」と感じてしまい、今後の改善につながらない場合があります。

ルールを守らなかった背景に何があるのかを明確にさせ、なぜその作業が必要なのか、本当にその作業がベストなのかを一緒になって考えていく働きかけが重要です。

このように、社員によるヒューマンエラーが発生した場合、できるだけ早い段階でまず当事者の記憶を掘り起こしながら、ミスがどのように起きたのかを客観的に確認していくことが重要です。

このとき、当事者を犯人として責めるのではなく、ミスが発生したプロセスを検証します。再発を阻止するためにどの要素を改善すればよいのかを一緒に検討するため、当人を重要な一員として位置づけることを、当人が納得するまでしっかりと伝えます。

引き起こした影響の大きさからなんらかの処分が必要な事案であったとしても、課題の検証を行う場でその話をすると混乱を招きます。あくまでこの場は改善策の検討を行うものだと強調し、決して人格を攻撃するような責め立てをしてはいけません。この合意が不十分であると、怒られるのが怖くて自分を正当化するなど、記憶を書き換えてしまう可能性があり注意が必要です。

課題の洗い出しについては、まずは事実だけを整理します。このとき、ミスの事象については、「うまくいかなかった」のようなざっくりとした表現ではなく、「○○の確認をせずに○○を操作した」といった具体的な行動に細分化します。いわゆる5W1H、「いつ」「誰が」「どこで」「何を」「どのように」「なんのつもりで」行動したのか、事実だけをまず洗い出します。

事実関係が洗い出せたら、その一つひとつについて、その事実によりどんな影響が出て不具合につながっていったのか、プロセスを明確にしていきます。このとき、難しさを感じる人が多いのが、5W1HのうちのWHYの扱いです。「そのときどういうつもりで行動したのか」を整理していくと、「特に何も考えずやってしまった。いつもこんな行動をとってしまう私は無能な人間だ」のような思考回路で責め立てられているような気持ちになってくる人がいます。

一度思い込んでしまうとその影響を受けて極端に自己評価を下げてしまい、今後のパフォーマンスが下がったり、ミスを連発したりする可能性もあります。ここは、事実のつながりとしてプロセスを検証しているのであり、行動を起こした人物の人間性を評価しているわけではないことを繰り返し伝え、淡々と洗い出すようにします。

作業工程のなかでどのポイントがミスにつながったのかが明確になってくれば、改善策も出しやすくなります。どのような状態になれば理想的といえるのか、その状態を実現するために事前に問題行動を起こさずに済む環境の整備にはどのようなものがあるのか、作業中にどのような行動をとれば回避できるのか、ミスにつながる行動を引き起こしてしまったら、どうすれば被害を最小限にしてリカバリーできるのかなどを考えていきます。そして教訓を踏まえた改善案を、部署のほかのメンバーやリーダーなどとも一緒に検討していきます。

このようにして工程管理を工夫して品質向上を図った結果、製品の歩留まりは1割ほど向上し、検品時の不良の出現率は半減しました。これにより年間で400万円ほどのコスト削減につながったのです。

背伸びの営業はいらない

製造業にとって製品は自社の顔です。納品時の品質がそのままブランディングに直結します。特に中小企業の場合は、大手メーカーのように潤沢な広告費用をつぎ込んで自社のPRを行うわけにいきません。営業の人員の問題もあります。つまり、今納めている製品が営業そのものです。

だからこそ、背伸びの受注で悪質な納品を行い低評価とならないよう、身の丈に合った実行可能な仕事を受注していかなければなりません。顧客の期待を過不足なく汲み取り、期待どおりの納品を行うためになすべきことは特別な行動ではありません。人として信頼を得るために必要となる、基本の行動です。

その一つ目は、徹底した納期の厳守、つまり顧客との約束を守ることです。なぜその期日に製品を必要としているのかをしっかりと汲み取ったうえで、こちらの対応能力を客観的にシミュレーションしつつ、双方の意図を明確にして、いつまでに、どの水準で、どのくらいの量を納めるのか合意をとります。その際に重要なのは、相手を尊重する姿勢です。顧客に対しても、また製造現場の社員に対しても真摯に向き合い、正直ベースで約束を交わし、必ず守ることです。仕事の規模は関係ありません。地道に積み上げていくうちに、納品への信頼が何層にも厚くなっていきます。

二つ目は、納期を守り、かつ製品の質を確保するための社員への働きかけです。社員は人間です。ロボットではありませんから、健康状態や精神状態、人間関係などさまざまな要因でパフォーマンスが変わります。ちょっとした働きかけの違いで仕事ぶりが大きく変わってくるのです。

社員のやる気を引き出し、気持ち良く仕事に集中でき、また、ミスを防ぐ環境を整える支えが必要です。そのために、現場の社員を信頼して仕事を任せ自主的な改善を促しつつ、毎日現場をよく観察し、ここぞというタイミングで声をかけて、最適な関係性を保つことができるよう支援するのが社長としての役割となります。

三つ目は、部署間の連携を促す働きかけです。シンプルで無駄のない工程管理方法で部門リーダーが毎日情報共有できる仕組みを整え、始業時あるいは終業時に30分ほど簡単な申し送りを行って社内全体で進捗を把握し、納期に向かって取り組むべき方向を一致させるのです。

各部署の社員の働きぶりを共有し、部署間で協力し合い、人員配置を最適化させます。職場の環境改善が必要となるようなミスやトラブルも積極的に共有し、問題が大きくこじれないうちにカバーし合って対処していきます。毎日すり合わせを行うからこそ、小さな変化にも対応できるのです。

売上や仕入れは毎日簡単にデータ入力するなかで、違和感のある数字が出てきたときは現場に出て自分の目で確かめます。毎日現場をよく観察し進捗を見守っているなかで積み重ねられた信頼により、社員から正直な課題を引き出し、個人の行動に責任を押しつけることなく、誰もが生産性を向上させられるよう仕組み化を図ります。

社員からのこのような経営改善の提案は、気負わず多様なアイデアが出せるよう、週に1回、2～3時間のこまめなペースで幹部ミーティングの場を設定し、世代間のノウハウ継承も兼ねて行います。

四つ目は、歩留まりを良くするミスの回避の仕組みづくりです。人間ですから誰だって失敗はします。大事なのはその失敗をどう活かしていくかです。ミスをなかったことにしてふたをしてしまうことでもなく、原因追及の名のもとに犯人捜しを行って責任を負わせることでもありません。

エラーを引き起こしたらできるだけ記憶が鮮明なうちに、どのようなプロセスでミスにつながったのか事実関係を客観的に洗い出します。再発性や影響の大きさを検証して将来の改善につながるよう、当人とリーダーと経営者が一緒になって課題を検討していくことが重要です。

これら四つの「改革」は、経営戦略としてはごく当たり前の話ばかりですが、基本だからこそ、毎日また何年もぶれずに続けていくのは根気のいることで、なかなか達成できないのです。

気合では長続きしません。頼れるのは揺るぎのない事実を表す数字です。毎年作成する事業計画がその集大成といえます。現在どのくらい売り上げる力があるのか、どのくらいコストが発生し、差し引きどのくらい利益を上げているのか、そして得られた利益をどの方向につぎ込むことでこれからの成長を見込んでいくのかなど、事業計画にはこうした企業戦略が随所に織り込まれています。

この事業計画がぶれない経営のよりどころになっていきます。顧客に対しては、企業としての信頼を獲得し、どんな要望に対しても実行可能な形で最適な成果を出してくれるというブランディングにつながります。また、社内に向けては、要求されるパフォーマンスが確実な事業成果に結びつき、公正な基準で働きぶりを認めてもらえるものだと手応えが感じられ、自律的に生産性や品質を向上させる原動力となります。その結果、売上が伸びるだけでなく、利益も確実に上がり、将来性を感じさせる企業として融資も受けやすく、生産基盤も飛躍させることができるようになるのです。

［第3章］

社員へ利益を還元できているか――。評価制度をつくり人材の定着率を高め、3年で社員を倍増させる

組織の柱は人。自ら動く仕掛けが不可欠

企業は組織です。そして、組織は人の集まりが構造化したものです。第一の「当たり前」の品質管理も、納期を守り品質を高めるために整備する事柄の大半が「いかに従業員の生産性を高め、ミスなく高いクオリティで成果を出す職場環境をつくるのか」ということが重要でした。特に中小企業は大手に比べて人員が限られ、分母が小さいことから、良い場合も悪い場合も1人あたりの影響力が大きくなります。

企業の生き残りは、いかに人を動かしていくかにかかっているのです。

では、人を動かす力とは何かというと、組織体制の改編、就業規則の運用、採用と人事評価といった「人のマネジメント」といえます。

従業員の管理というと、締めつけを強めて強いリーダーシップで率いていくイメージがあるかと思います。しかし、それでは息切れしてしまいます。大手企業のカリスマ的存在となった著名なトップが金言のように語る場合は別ですが、名もない小さな会社の社長が

そのような態度をとれば、たちどころに従業員の心は離れ、ブラック企業と認定されてしまいかねません。

つまり、強い経営トップによる「引っ張る経営」ではなく、後方から従業員や現場リーダーたちの動きをじっくりと観察し、公正な評価で適材配置・最適化を図りつつ、やる気を出させる報酬や評価といった利益還元により、従業員が自ら工夫して生産性を向上させるまでの道のりを整備する「押し上げる経営」が重要となるのです。

押し上げる経営で最も重要となるのが、人と人との間で関係性を良好にするために築く信頼です。いってみれば当たり前なのですが、信頼関係がないと相手を正しく理解することもありませんし、感情的に反発して言うことを聞かなくなります。また、関係性を築こうという働きかけを見せていないと、何をやっても無駄だと行動するのをやめてしまいます。

従業員一人ひとりがいきいきと仕事に取り組み、自発的また自律的に行動するには、自分と周囲の人たちがどのように考え、何をどこまでできて、どこからできないのかを客観的に把握したうえで、自分の行動に自信をもち、周囲を信じて身を預けることができる場づくり、互いを信じ合い、働きかけを続けるチームづくりが重要となるのです。

自分に自信をもつというのは、別のいい方をすれば、自己肯定感を高めることでもあります。自己肯定感は二つの方向、すなわち能力の肯定と役割の肯定から高まっていきます。このため、従業員の評価は、能力の肯定と役割の肯定を、誰もが納得できる指標により公正に明示することだともいえます。

能力の肯定は主に賃金や手当、ボーナスなどの報酬で、役割の肯定は肩書で示していくことになります。納得のいく評価であれば、従業員の生産性を大きく引き出していくことができるのです。


とはいっても、小さな企業では人件費に回せる資金は潤沢ではありません。たいていの場合、大手に比べて賃金は低く、昇給もボーナスも満足できるほどは出せないものです。

また肩書についても、ポストの数には限りがありますから、長年勤めてさえいれば序列で良い役に就けるというものではありません。

このような難しさのなか、どのようにして従業員それぞれが納得のできる能力と役割の評価を行っていけばよいのかを考えるカギとなるのが信頼関係です。普段から現場に出て、一人ひとりの働きぶりをよく観察し、声かけを行う態度を目に見える形にし続けることにより、「自分の頑張りをきちんと見てくれているのだ」と感じ、そのうえでの評価なのだと納得感が生まれてくるのです。

これこそ、企業が健全な事業経営をしていくために必要な第二の「当たり前」、人を信じる経営です。

群れるだけのまとまらない職場

私が社長を引き継いだときは、民事再生を受けてどん底に落ちた状態からまだ完全に回復しているわけではありませんでした。倒産寸前の土俵際まで追い詰められた会社ですから、職場の人間関係も推して知るべしで、社員のやる気がまったく感じられず、チームワークどころではありません。企業という組織ではなく、ただ決まった時間に集まっているだけの群れでしかない状態でした。

その大きな要因として報酬の問題があったことは明白でした。民事再生により正真正銘ゼロからの再出発だったわけですから、あらゆる面で余裕もなく、社員に払っていた月給は最低賃金ぎりぎりでした。しかも、公平を理由に、昇給額は貢献度に関係なく全員一律だったのです。ボーナスも、ちょっとまとまった仕事を受注できたからと急に出してみるなど、年間を通じた経営状況をまったく考慮せず、もちろん社員の働きぶりに応じた金額設定にもなっていません。これでは賞与がなんたるものかを理解できません。

役職に関する状況も同じようなものでした。適性ではなく年功序列で決められ、昔からいる社員が幹部になっていました。しかも、管理職手当はわずか３０００円だけ。びっくりするほど低かったのです。

役に就いているという責任もやりがいも感じることができない上司と、そのようなモチベーションで指示を出す上司のもとでどんなに工夫しても賃金もボーナスも報われることのない部下です。こんな関係では、どちらの立場の人間でも、言われたこと以上の仕事をしなくなります。

幹部会議は、社長が話すのをうなずいて聞くだけで、自ら意見することはなくやり過ごし、売上の悪いことを指摘された部署は、仕方がないのだとできない理由を繰り返して弁明するだけで改善点を話し合うこともなく、報告が終われば会議は終了し、豪華な仕出し弁当を食べて解散するというような状態が長らく続いていました。

社員にしてみても、上を見れば社長の顔色をうかがってばかりで部下をろくに見ていない幹部、一方手元を見れば日頃の頑張りをまったく顧みてくれていない賃金体系、ボーナスだって気まぐれ、このような状態でやる気を出して仕事しろというほうがどうかしています。

必然的に社員は働かなくなります。勤務時間中は、いかに時間を潰すかに注力してだらだら過ごし、最低限の納品をクリアするために終業時刻を過ぎてから仕事をして残業代を稼いでいました。こんな働きぶりだから成果も出せず仕事もこなせないため、注文を受けるのをセーブして負担を減らす、そのような負のスパイラルに陥っていたのです。

なんとか幹部と社員の目を覚まさせ、仕事に対してやる気をもってもらい、悪循環から抜け出さなければなりません。しかし、手の施し方が分からず、途方に暮れてしまうありさまでした。

社長に就任したての頃は特に大変でした。どうやって彼らを指導していけばよいのか、締めつけても反発するだけ、緩めに行こうとするとなめられます。

曾祖父、祖父、父と、3代にわたって気ままな経営を続けてきた一族の息子が5代目の社長となって今にも潰れそうな経営状態の会社を継いだのです。社員が私を見る目はこれまでの経営ですっかり信用を失ったトップと重なり、信頼どころか最初から疑っていることは明らかで、何をやっても振り向いてはもらえませんでした。

それらが変化したのは私の社長就任後しばらく経ってからです。依頼された仕事は金額が合えば忙しくても断らない方針をとったので、社員が暇をもて余すことがなくなり、勤務態度が変わってきたのです。

凡事の改革④
引っ張らないリーダーシップで社員の心をつかむ

私は、カリスマ性を備えた経営者気質の人間でもなければ、皆が尊敬する技術を身に付けた職人でもありません。まったくの素人が板金の世界に放り出され、必死に追いつこうとして得た知識と、倉庫の掃除という最も末端の作業から在庫管理や売上管理などの経理、給与管理などの人事までコツコツと数字を見てきた毎日の積み重ねが周囲の目に留まって、少しずつ認めてもらえるようになってきたのだと感じています。

初めは、率先して現場の状況を学ぼうとする姿勢を示していきました。この姿勢は、社長に就任することになるとは思ってもみなかった入社当時からずっと一貫して続けてきたものです。私は板金がどのようなものかをまったく知らない素人で、プレスも溶接もできません。大慌てで免許を取ったフォークリフトの操作すらおぼつかない新入社員にできることといえば、現場で何が起きているのかをひたすら把握し、自分でも扱えるようになるまで黙って覚えていくことだけでした。

私は、とにかく現場の様子を観察しました。そして倉庫担当となってからは生産管理、在庫管理、流通と、何がどうつながっているのかの理解に全力を傾けました。職人技のような時間と経験を要する仕事の会得は諦め、理論や知識の習得で補えるものを中心に学んでいきました。

特に、売上や仕入れ、在庫といった商品に関するデータ管理は、エクセルで簡単に入力、集計できる表を作成し、毎日欠かさず入力していきました。

そうこうするうち、入社してから10年も経たない間に、単純な倉庫番から、在庫管理、生産管理、経理、人事と責任を負う作業が増えていきました。一方で、作業する身はたった一つ、次々と仕事が追加されていてはパンクしてしまいます。限られた時間のなかでなんとかしていきたいと効率化の道を探り、あれこれ試行錯誤を重ねました。

現場の社員と同じ立場でスタートし、コツコツ勉強して少しでも改良を加える工夫を凝らす仕事への向き合い方が、現場で働く同僚にはとても真面目な姿として記憶されていったのだと考えます。

役職に就いてからも、社長になってからも、この姿勢は崩しませんでした。誰より早く来て、誰よりも遅く帰るような毎日で、コツコツと学び、事実ベースでの現状を把握するため生真面目に数字を追いながら、何に対しても、誰に対しても誠実に向き合う態度を変えませんでした。すると、少しずつ周囲の社員がつられて変わってきたのです。なんとなくサボりづらくなり、居住まいを正すようになり、真面目に仕事と向き合うようになっていきました。彼らはもともと腕の立つ職人、ポテンシャルは高い人ばかりです。集中力と能力を発揮し始めました。だらけて時間潰しのように仕事をしていた頃と比べると、同じ人物とはとても思えないほど、働きぶりが変わったのです。

これが、いわゆる「背中を見せる」ということなのだと、私は感じています。


職人集団のような社員を束ねてぐいぐいと牽引（けんいん）するには、よほどのカリスマ性をもった気質であるか、有無をいわせない知識や技術をもっているかという特徴が必要です。

私にはそのような才能はまったくありませんから、牽引とは真逆の、下支えに走り回り

［図表５］　タイプ別リーダー像

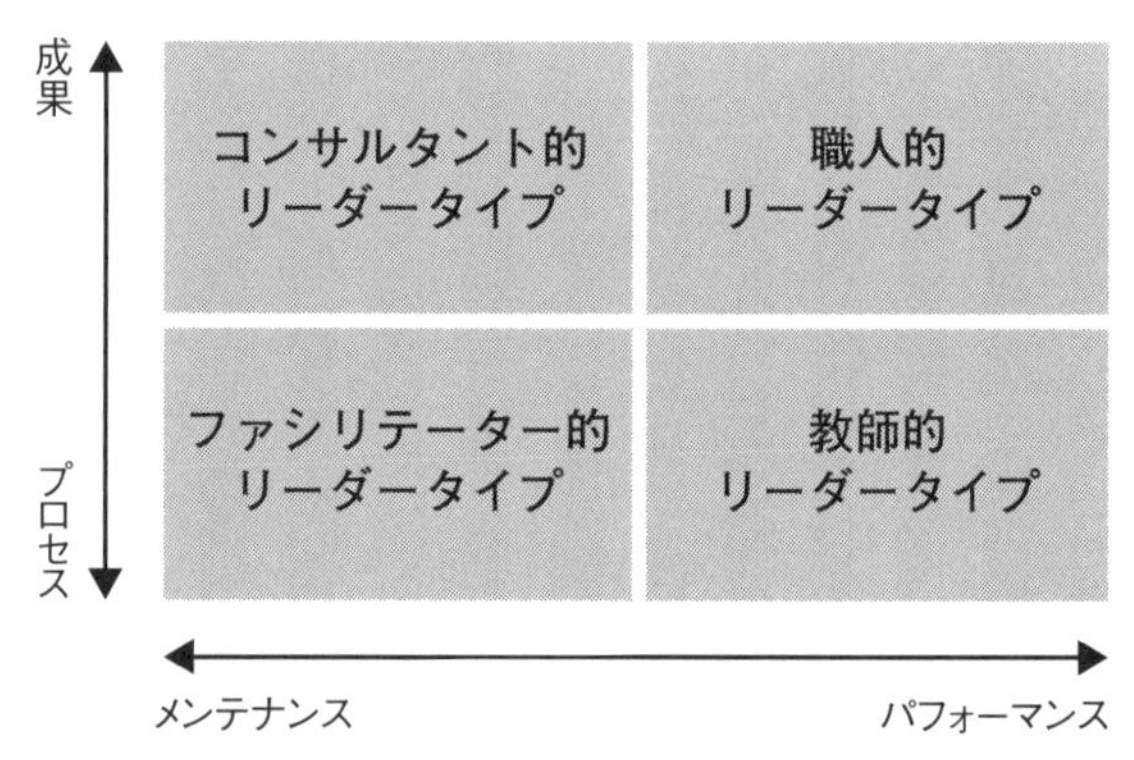

ました。社員一人ひとりを理解し、リスペクトし、信頼しているという姿勢を態度で見せて、技術指導そのほかは現場のリーダーたちに任せ、経営者としての私の役割は、外から仕事と資金を取ってくることだと、一歩引いた関係のなか、バックヤードでの活動に専念していったのです。

もちろん、私のようなタイプ以外にも、いろいろなトップの気質があります。リーダーシップ論の一つに「ＰＭ理論」というものがあります。Ｐはパフォーマンス、つまり、メンバーを引っ張る力の強さを、Ｍはメンテナンス、つまり、メンバーを支える力の強さを示します。ＰＭ理論は、このＰとＭの強弱でリーダーシップのタイプを表すものです。

このP／Mの軸に、成果重視／プロセス重視という視点の軸を掛け合わせた四つの象限でリーダータイプを整理してみると、次のような特徴が見えてきます。

パフォーマンスが強力で成果を重視するタイプは、自らがトップ技術を誇り周囲を率いる職人的リーダーといえます。このタイプの人は、目標を設定し周囲と共有する力や、自分の考えを適切に他者に伝える説得力のほか、他者からの提案や意見を忌憚（きたん）なく受け入れ、それらを基に最終的な成果へと最適な形で柔軟に反映する受容力を伸ばしていくと、協調性が強化できるはずです。

同じような成果重視でもメンテナンス要素の強い支援タイプは、知見を提供して周囲の行動を促すコンサルタント的なリーダーといえるのです。このタイプであれば、メンバーの多様な意見を尊重する受容力や、チーム内の情報や意見をまとめ、一つの成果に結びつける統合力、メンバー間の情報や知識・経験の共有を促進する力を伸ばしていくことで、協調性豊かなリーダーとなっていけます。

また、牽引するパフォーマンスが強い場合でプロセスを重視するタイプは、周囲を教え導こうとする教師的リーダーといえそうです。このタイプの場合は、メンバーの意見を受け止め、その背景にある意図や思いまで想像する傾聴力や、メンバーに適切な方法を示し導く指導力、メンバーの悩みや困難を把握し、克服できるよう支える共感力といった能力を伸ばすと、特徴を活かした協調性を強化することができるのです。

同じプロセス重視でも側方から行動を促す支援要素の強いタイプの場合は、ファシリテーター的リーダーといえます。このタイプはもともと人との協調に関しては親和性の高い特徴があります。特に、チームが円滑なコミュニケーションをとることができるよう側方支援する調停力や、メンバーが自らの意見や考えを安心して披露し共有できる環境をつくる場の設定力、チームが共通の目的に向かって進めるようプロジェクトの進行を適切に調整する進行促進力といった能力を伸ばしていくと、さらに協調性を強化することができるはずです。

これら四つのタイプは個人ごとにきれいに分類できるものではありませんし、大きくとらえて比較的どれに近いかで経営者としての傾向を把握するのによいのではないかと考えています。

四つのタイプのどれがふさわしいかについて、価値や優先の順位があるわけではありません。個人のもつ気質との相性の問題ですから、どのタイプのリーダーであったとしても、メンバーである従業員との信頼関係を地道に構築していくのに違いはないのです。

私自身は、どちらかというとファシリテータータイプです。プロセス重視で側方支援を行うことに徹していました。データ管理により生産工程や全体像の把握方法を学びつつ、現場に足を運んでは人の様子を見て回り、部下と上司、部署間の関係性を観察していきました。そして、誰にとっても公正な評価となるよう、報酬や昇給、ボーナスなどで見える化を図り、適材適所の観点から人員配置を行ってきました。少しずつ環境を変えていくことにより、社員のモチベーションアップと生産力の向上につなげていったのです。

ファシリテーターというのは、メンバーが自分で自分の力を最大限に発揮できるよう見守り、行動を促すための、無色透明な触媒的存在です。このため、従業員の力を押し上げるために投げかける言葉は、励ましと感謝が中心となり、指導や注意を促す際も声は荒らげず、命令ではなく問いかけやお願いになります。四つのタイプのなかでは最も従業員との距離が近い存在ともいえます。

例えば、普段から頑張って仕事をこなしている社員が、今日も残業して作業に携わってくれていたとします。現場を回ったときに私からかけるのは、まず「いつも悪いね」「ありがとう」「助かるよ」など、普段からの頑張りに対する感謝の言葉です。そして、「これだけ働いてくれているんだから、期待していてね」と、経営者だから根拠をもって言える報酬への期待をもたせる言葉を次に添えておきます。

このように頑張ってくれる従業員に対し、どんなに働きかけようとも動かない従業員も一定数存在します。周囲が忙しくして残業の負荷が大きくなっているのは見えていても、自分には関わりのないことばかりに、周囲へ配慮する言葉かけもなくさっさと帰っていくような人です。このような自分の都合しか眼中にない従業員に対しても一律に感謝の言葉をかけていると、頑張っている従業員のモチベーションが下がっていくため注意が必要です。

すべての社員に対して一律に行っているのは、敬称をつけて呼びかけることです。確かに呼び捨ては、身内のような距離の近さや親しみを込める意味で用いる場合もあります。しかしそうであったとしても、自分の名前を呼び捨てにされるのは立場をより低く小さくされ、ぞんざいに扱われているように感じやすく、じりじりと体力を削られるように自己肯定感を下げ続けることにつながってしまうおそれがあるため、私は必ず「さん」をつけて呼びかけています。

呼び捨てのほかにも、「おい」「やっとけ」といった乱暴な命令口調には注意が必要です。このような人間性を損なう声かけは、上下の関係性を固着させてしまいます。私は、入社間もない社員を含めた全員に対し、敬称と敬語をもって接しています。

もし社員に行き詰まった様子が見えるときには、原則として現場のリーダーに指導を促すようにしていますが、その際には、現場リーダーには、仕事の流れを俯瞰（ふかん）して社員の「困った」にメスを入れるようにしています。

つまり、現場リーダーに対し、「何が起きて、どのような状況になっている？」「その状況で考えられる要素は?」「どうやったら解決できる?」「次までに考えをまとめておいて」と、具体的に考えて回答できるようになるための問いかけを行い、リーダーとして状況の確認と、仕事量のコントロールや部下の配置、手伝いや介入、指導などの対処をうまくやっていけるようフィードバックしていくのです。

このように、社員への直接の指導は、現場の指揮系統が乱れないよう、現場リーダーである課長に一任しています。特に、考え方を改めるなどの改善の必要がある行動をとっている社員に対しては、納得いく形で行動変容を起こさせるため、課長から注意を促す指導を行うように伝えてあります。社長が課長ら現場リーダーを通さず一足飛びに現場社員へアドバイスをしてしまうと、トラブルを招くおそれがあるのです。社員のなかには「社長が言ったから」と勝手な解釈で、せっかく合意がとれていた相手に対しても持論を展開し主張することをやめない人が出始めます。このように、職場をピリッと引き締めたり、逆に雰囲気を盛り上げてチームを引っ張り上げたりする役目は、課長たち現場リーダーが果たします。社長の存在は裏方のままでよいのです。

一方で、礼儀に反する対応や噂話、愚痴に対しては、毅然とした態度で応じなければなりません。

例えば、嘘をついて保身に走ったり、他人を陥れたりする人がいた場合、これはチームワークを乱し、関係者同士を疑心暗鬼にさせる元凶となってしまいます。厳重に注意するだけでなく、二度とそのような行動をとらないように指導する必要があります。本人の言い分は十分に聴き取り、背景となっている要素は洗い出して理解したとしても、悪影響を与えた行動そのものを認めてしまってはいけません。

勤務態度がひどい従業員に対しては、忙しくせざるを得ない環境においてしまうのです。そうすることで、周りが一生懸命働いていたら自分が目立ってしまうので、従業員の態度が変わってきます。

愚痴や噂話にしても同様です。ある程度の話が広がることは仕方のないところですし、軽口で済んでいる間は一定のコミュニケーションのきっかけになるかもしれませんが、そこに悪意や不信感を広げてしまうような要素を感じたら、毅然とした態度で事実関係を明確にし、間違った情報は否定していく必要があります。

例えば、一部の従業員が幹部からかわいがられている、えこひいきだという噂話が流れたとします。事実無根だった場合、即座に否定して噂話を流した元凶を特定したくなるかもしれませんが、頭ごなしに否定しても不信感はかえって募る可能性もあり、元凶特定は犯人捜しのように感じられて余計にこじれるおそれもあります。

まず、えこひいきされているという噂話が本当なのかを、さまざまな部署や立場の異なる関係者から聞き出します。そして、事実無根だった場合、そのような噂がなぜ流れることになったのか、背景にある事情を掘り下げていきます。

例えば、実はシステム導入により情報伝達系統が変わって連絡がうまく伝えられていなかったのに、話がこじれて、えこひいきだという誤解につながっていたなどです。なぜそのような噂話を流すことになったのかの事情を共有すれば納得が進み、関係性の修復を図ることができる可能性が高まります。

職場の関係性は、賞罰のような縛りではなく、互いを信じ合うことで構築していくことが重要なのです。不信感や無力感が募るようなゆがんだ関係ができそうなときは、関係が固定化する前に解消させ、軌道修正していく必要があります。これは、職人型・コンサルタント型・教師型・ファシリテーター型のどのタイプであっても、リーダーとして重要な役割となります。

軌道修正の方法はそれぞれのタイプの得意な方法になりますが、いずれにせよ、日々良い仕事を見せていれば皆が理解してリーダーに従っていきます。長くかかって築いた信頼関係も、たった1回のトラブルで強い不信感や無力感を生み出しこじれてしまう場合もありますから、関係性にほころびが見つかったときは、ごく小さなゆがみのうちに修正していくよう、現場リーダーには特に厳しく指導してほしいところです。

また、トラブル解消に向け、事実関係を明らかにして誤解を解けばすぐに信じてもらえるというのは理想ではありますが、実際のところ、一度出来上がった価値観はそうそう変更できるものではなく、事実に寄りすぎて考えを否定するとかえって意固地になってしまいます。これがアンコンシャス・バイアスと呼ばれる無意識下にある偏見で、自分は偏った考えをもっていないと主張する人ほどこだわりが強く、否定されると反発しがちです。

こうしたバイアスを乗り越えるためにも、「あなたとは考えは合わないが、存在は認める」という信頼関係を構築していく必要があるのです。それには、日々の職場回りで声かけを行うことです。感謝の言葉で軽くふれあいながら、それぞれの頑張り度合いをよく見ていること、頑張りには相応の報いとして報酬などで見返りを用意していることを態度で示し、この社長なら信じられるという要素を少しずつ増やしていくことが重要です。

社員は、社長ら幹部の勤務態度もよく見ています。コツコツ仕事を覚え、声をかけて回っていた当初は、社員の誰よりも早く出社して仕事をし、誰よりも遅くまで会社に残って裏方作業を行っていました。根性論で進めてはいけないというものの、経営トップであれば、誰にもましてよく動く存在になる必要があるということをよくよく心がけます。

このような歩みの結果、社員は、誰より働き社員にも寄り添うような社長が言うなら仕方ないといった雰囲気で、理解をもって会社の方針に従い動いてくれるようになっていきます。今では、社員から「先に帰ってくれないと皆が帰れないから」と軽口をたたくようにして退社を促されるようになるまで気を使ってくれるようになりました。

また、急な依頼が舞い込んで仕事量が3割・4割増しになってしまい、「すまないがお願いします」と頭を下げて残業してもらおうとしたとき、初めの頃は「そんなにできない」と嫌がりつつも、仕方ないと付き合ってくれました。それが、2週間もすると仕事のペースに慣れてきて残業もせずにこなせるほど効率が上がり、それ以降は、仕事量が多くても何事もなくさばけるようになっていったのです。

凡事の改革⑤
社員が自ら動きたくなる問いかけと見守り

社員の仕事管理は、観察から始まります。

私は毎日、受注・納品と発注・仕入れをエクセルに入力し、状況把握していきました。高機能な生産管理ソフトなどは使っていません。必要なのは収入と支出と残高で、ざっくりと様子が分かればいいからです。複雑な操作がいるソフトを導入して四苦八苦するのでは、ソフトを使っているように見えてソフトに使われてしまっている本末転倒の状態になってしまいます。それより重要なのは、毎日入力していくことなのです。

毎日収支をつけていくと、漠然と数の変動にはリズムがあることが分かります。そのリズムが乱れると、何かあったかなと勘が働くのです。これは体温を毎日記録していると平熱が分かり、体調の波が見えてくるのと似ています。

数字の管理というと、人任せにして売上や仕入れの集計をさせ、月単位にまとめて金額を把握するイメージがあるかもしれませんが、中小企業の経営では、そのようなまとまった状態の数字を見ても読み取れるものは少ないものです。それどころか、社員からは「数字ばかり見て現場を見ていない」と言われかねません。

毎日の体調管理のように、一日が終わったらその日の収入と支出を入力し、リズムが乱れていないかを確認するのは、数字を見ているというより現場を見るために数字を使っているといったほうが正確です。まとまった数字は対外的なもの――例えば金融機関に経営状態を説明するときなどに用いるもので、内部の状況把握は毎日行う必要があるのです。

毎日の現場の状況を収入と支出の数値から見ているのには、もう一つわけがあります。

社長の立場になると、自ら現場に出て陣頭指揮をとることは、よほどのことがない限りすべきではないと考えています。

各部門には部門リーダーがおり、現場の統括は彼らが行っています。社長が現場で直接業務への口出しをするのは、部門リーダーの権限を無視する形になり、指揮命令系統が混乱してしまいます。

このため、社長の立ち位置であれば、平常時は数字の動きで現場の状況をモニタリングするところから始め、おや?と感じる動きを見つけたら、現場に出て具体的な状況を見て違和感の正体を確認するのがよいと考えています。それも、現場に出て直接確認するときは、さりげなく各部門を見回って社員の仕事ぶりを観察する形にします。

納品までの各工程や各部門の進捗状況など緊急を要さない普段の情報は、基本的には週に1回、部門リーダーを集めたミーティングを行い、そこで全体共有しています。他方、社長として違和感を覚えたものの確認は、定時のミーティングで管理するものとは別に行うイレギュラー対応ですから、都度関係者を集めて話し合いをもちます。

突発的に起こった問題には、たいていなんらかの改善すべき課題が見つかります。そして、改善すべき課題は、問題として発覚してからだと対処が大変になるほど大きくなってしまいがちです。

このため、リーダーたちから問題の報告が上がってくるのを待つのではなく、自分から時間を見つけてはさりげなく現場に足を運び、自分の目でよく観察することが望ましいといえます。エクセルで数値を毎日見るのと同じで、毎日続けるからこそ、ちょっとした変化や違和感に気づくことができるのです。


そして、現場の観察では、従業員の働きぶりのなかから、頑張っている姿をまずは評価します。中小企業のトップであれば、知識的にも技術的にも従業員より経験を積んできている人が多いでしょうから、現場の従業員の言動には拙いものが多く感じられるかもしれません。また、数値上での違和感を覚えて現場に足を運んだのであれば、何が問題となっているのかと原因を探りに来ているわけですし、どうしても改善ポイントばかりが目につくはずです。

それでもあえて、まず指摘するのは褒めるポイントにしてほしいのです。現場では、従業員がそれぞれの思いでそれなりに一生懸命仕事をしているわけです。それを受け止めてもらえないまま、不足している働きや修正すべき言動ばかりを指摘されてしまったら、従業員は無能感にさいなまれ、萎縮してしまいます。

まずは、従業員がどのような状況であれ、今頑張っているその姿を認め、褒めるようにします。そのうえで現状で困っているところはないか、さらに良くする方法はないかなどを問いかけ、「どうやったらうまくいくだろう」と、当事者と一緒に効率化を考えていくことが重要です。

このように、普段から従業員の仕事をする様子を見て、評価していることが従業員たちにさりげなく伝わるようにするのがポイントといえます。接触の頻度が高くなると親しみを感じやすくなりますし、評価は能力を肯定してくれ、見守ってくれているのは、すなわち存在を肯定してくれているのだと前向きな解釈につながって自己肯定感が上昇する可能性が高まります。

もう一つ、従業員の存在の認め方について重要なポイントがあります。それは、現場から上がってくる提案の扱い方について、経営者としての姿勢をぶれないようにしていくという点です。

普段から従業員の仕事ぶりをよく観察し、評価しようという姿勢を見せていると、従業員のなかには「良いところを見てもらおう」と張り切って、やりたいことや欲しいものをアピールしてくることがあります。

逆に、ずっとためていた現場の不満を切々と訴えて、改善の要求を出してくる場合もあります。経営側と従業員との間に信頼関係が生まれ、コミュニケーションが自然とできるつながりになれば、極端な訴えは減り、ちょっとした現場の改善案なども気軽に提案してくるようになるはずです。

気をつけたいのは、経営者は従業員によって提案の受け止め方に差をつけてはいけないということです。「あの従業員が訴えたことはすんなり聞いてくれていたのに、自分の提案は聞こうともしてくれなかった」という印象をもたれてしまうと厄介です。一度えこひいきをしているのではないかと思われると、その後どれほど中立的な態度をとったとしても、フィルターのかかった目で見られてしまい、心が閉ざされてしまうのです。

従業員から提案があったら、まずは、提案があったという事実だけを素直に受け止めます。その際、提案内容の背景に隠れている「何のために、何を変えていきたいと考えているのか」を聴き取るようにします。その訴えが明らかな勘違いから始まっている間違った方向性のものだったとしても、まずはそのまま、訴えを最後まで聴き取るのです。

この姿勢がどの従業員に対しても同じであれば「この人は提案すればまずはきちんと話を聞いてくれる」と感じるようになり、最終的に案が採用されてもされなくても、結果に納得できる素地をつくることができます。

次に、受け止めた提案内容について、具体的な提案部分と提案者の個人的な思いを分離させていきます。

例えば、「新しい機能がついた機械を導入してほしい」という話が出てきたとします。機械を入れたいというのが要望の内容ですが、何を改善するためにどの機能が必要なのかと提案内容を具体的に掘り下げていくと、「別の部署で先月新しい機械を導入して、すごく楽になったと聞いて、自分たちのところにもこの機能があるともっと楽になると思う」など、他部署への対抗心や願望程度の思いつきだと判明することもしばしばあります。

この場合、「その機能があると何がどのくらい楽になって、生産の効果が上がるのか」「導入コストが回収できるのはどのあたりか」など、課題解決の重要度や実現可能性など、導入の必要性について具体的な項目を出しながら提案者と一緒に考えていくとよいです。

また、もし他部署との比較で現場の不満が背景にあることが見えてきた場合は、解決すべき課題は別のところにあります。誰からの訴えなのかは伏せながら、リーダーにチームとしての動きをさりげなく聞くなどして原因を探っていく必要があります。


提案や要望は積極的に聴き取り、いったん素直に受け止めますが、それをうのみにして願いを叶えるのとは別です。聴き取った内容をどのような基準で判断し、採用していくのかのプロセス部分を明確にしてぶれずに対応すれば、提案が採用されてもされなくても、提案したときの仕事に対する気持ちや存在は無視されることなく受け止めてもらえたと感じられるはずです。提案は窓口を広くして積極的に受け止め、明確な判断基準で公正に判断されるのだと、従業員に分かってもらうことが重要です。

このとき、不採用の件数が多いと「どうせ提案しても落とされる」と、モチベーションも下がってしまいますから、初めから「こういう提案を積極的に採用する」と分かるようにしておくのも手です。例えば、現場の生産効率を高めるものや、成果品の品質を上げるものなどがあります。つまり、提案者個人の利益でなく職場全体に、しかも長期にわたって利益をもたらすようなアイデアです。

採用につながらないのは、個人的に気持ちが楽になるだけのものや、一時的な効果しか生み出さないもの、独自すぎて汎用性の低いもの、現状の環境でも工夫して同様の効果が出せそうなもの、導入コストに見合わない（利益を回収するのに恐ろしいほど時間がかかる）ものなどがあります。

具体的な効果とコストを数字にし、客観的に説明がなされれば、どこにメリットがあるのか、克服すべきデメリットは何で、その差を考慮したうえで採用する価値があるものなのかが明確になっていきます。このようなプロセスを誰に対しても同じように見せていけば、公正なジャッジであることが理解してもらえます。

このようにして、社員に対し、普段から仕事ぶりをよく見ていることや、提案を積極的に受け入れる姿勢があることを示し、質の良い提案をすれば公正な判断で採用されるのだという成功体験を増やしていきました。

すると、突然の大量発注で残業が必要になるなど緊急事態が発生したときでも、協力を呼びかけると「頼まれたら仕方ないなあ」と快く引き受け、積極的にアイデアを出して工夫しながら対応してくれる職場の関係性が出来上がっていったのです。その結果、時間内でこなせる仕事量が大幅に増えました。職場の雰囲気の変化も含め、体感としては2倍以上の効果が出て、生産性の高い社員が育ってきています。

凡事の改革⑥
やる気を出させる昇給と賞与は普段の見守りとセットで

報酬を従業員ごとに適正化させるのは、能力評価の大きなポイントです。働きに応じた適切な賃金と昇給で能力を正当に評価していることを伝え、また頑張りに見合ったボーナスを出すのです。

皆で力を出し合って得た利益は、貢献度に応じて公正に従業員へ還元し、利益を分かち合うという姿勢を見せ続けて、従業員の会社へ参画するモチベーションを高めていく必要があります。人件費を手厚くするのは固定費の増大につながるため、コストを下げたいときには真っ先に削減したくなるところですが、ここは苦労してでも公正な還元を行います。

チームに参加して力を発揮することを促す場合、その原動力となるやる気が出る仕組み、つまりモチベーションには、外発的動機づけと内発的動機づけという二つの方向があります。

外発的動機づけは、報酬が目標になってやる気を出すものです。報酬には、物やお金のほか、他者から承認されたい、賞賛を得たいなどの欲求も含まれます。また、負の報酬として罰則もあり、それを回避するための行動も含みます。これに対し、内発的動機づけは、直接の報酬がなくても、行動そのものから満足や快楽、やりがいといったものを感じて行動を起こしていくものです。

外発的動機づけは、行動の結果として報酬を受け取った瞬間の喜びが最も大きく、時間

［図表６］　やる気を出させる動機

外発的動機づけ

内発的動機づけ

出典：Adecco「内発的動機を考える」

が経つと薄れていきます。例えば、「給料が上がるよ」と伝えると、そのときは張り切って仕事に取り組みますが、3カ月ほど経つと元に戻ってしまいます。

一方、内発的動機づけは、行動そのものが報酬となっているため、行動を続ける限り喜びが持続します。仕事そのものに面白さを感じ、自発的に工夫を凝らすようになったり、手が空いたらほかの部署を手伝いに行こうかと提案してきたりと、積極的に仕事と向き合うようになってきます。

動機づけにはこのような特徴があるため、報酬に執着するのは汚いことのように言われやすく、お金につられて行動を起こす外発的動機づけは卑しい、自らの行動にやりがいを感じる内発的動機づけのほうが崇高な行為だと思われがちです。しかし、これが高じると、低報酬で働かせるやりがい搾取のような仕事が出来上がってしまいます。

外発的動機づけも、内発的動機づけも、方向性が異なるだけで行動を起こすための起爆剤であることには変わりなく、優劣も貴賤もありません。むしろ重要なのは、この二つの特徴をうまく組み合わせていくことで、効果的に行動を促し、持続させていくことです。

外発的動機づけはスタートダッシュが得意です。このため、まずは「鼻先に人参をぶら下げた」状態で行動を開始させ、徐々に内発的動機づけへとシフトしていく仕組みにすることが重要です。報酬につられて始めてみたら、いつのまにか極めていくのが楽しくなり、仕事にのめり込んでしまったというような状態をつくるわけです。

このような外発的動機づけに基づいて始めた行動が内発的動機づけにつながって行動を高めていく心理的効果は「エンハンシング効果」といわれています。報酬はお金とは限りません。賞賛、つまり褒めることも、能力を正しく評価してくれるものとして同様の効果があります。

［図表７］　エンハンシング効果とは

出典：パーソルキャリア「アンダーマイニング効果とは？具体的な影響と防止策を紹介」

　このとき、属人的な特質ではなく、行動したことに対する評価に言及し褒めることが重要です。例えば、「器用だね」「頭いいね」と人の部分を褒めると、次にも良い評価がもらえるよう確実にうまくできるレベルのものにしか手を出さない可能性が高まりますが、「よく頑張ったね」と行動の部分を褒めると、次からも頑張ったことを認めてもらえるようチャレンジする難易度を高めやすくなるわけです。

　私は、ボーナスを出すとき、必ず一人ひとりに手渡しして、頑張った点を褒め、できていなかった点は今後に期待する伸び代として伝え、励ましています。賞与という報酬を手渡しし、きちんと働きを見ていると対面で伝えることにより、正当な評価を受けていると認識をもたせ、今後の仕事に対する動機づけの強化を図っているわけです。

エンハンシング効果をうまく職場に活かすには、タイミング良く適切な賞賛を送ることが重要です。大きな賞賛はボーナス支給時に行い、それまでの間は、毎日少しずつ現場へ足を運び、ちょっとした声かけのなかで感謝を伝えていくことで賞賛の維持を図っています。

ものづくりの職人たちは、本来自分たちの仕事に誇りをもって臨んでおり、仕事に打ち込めばすばらしい成果を上げてくれます。正しい報酬と細やかな賞賛は、彼らの能力を最大限に引き出し、パフォーマンスを上げるために必要不可欠な燃料なのです。

褒めたり励ましたりの言葉は直接本人に伝えるのが原則ですが、問題行動があるとされる人物への対応は、少し回り道をします。伝え聞いた負の評価が本当に事実なのかを、よくよく確かめる必要があるからです。

このため、できるだけ多くの関係者に状況を聞き、本当に問題行動を起こしているのかを確認します。直属の上司に聞くだけでなく、関連する部署のリーダーや、関係する同僚など、一方の言い分に偏らないように気をつけながら聴き取りを行います。

そして、注意や指導が必要であると判断したら、現場リーダーである課長を通して伝えてもらいます。なぜなら、社長が直接社員に注意すると萎縮してしまい、必要以上に仕事が止まってしまう可能性があるからです。併せて監督しているリーダーにも、自分の管轄内で問題行動が起きていることを自覚し、責任をもって対処するよう促す目的があります。

人を束ねる課長には、現場を任されている責任と権限の重さをよく分かってもらいたいと、ここは厳しく接しています。もちろん、その責任の重さに応じて管理職手当は以前より大幅に引き上げ、負担が増えるばかりにならないよう配慮しています。

社員がそれぞれに納得のいく評価を受け、適切な対価として報酬を受け取ることにより、湧き出たやる気は持続していきます。その結果、社内では、自発的に頑張る人と普通の働きをする人、やる気のない人とに分かれていきました。

いわゆる「2・6・2の法則」です。その内訳は、とてもやる気があって全体を牽引する力のある人が2割、まったくやる気がなく仕事をしない人が2割、残りの6割は自発的な要素は薄いものの、やる気が出れば力を発揮する人で、およその状態として当てはまっているように感じます。つまり、まったくできない人については、やる気を出させて能力を引き上げることは難しいのです。それよりは、全体を引き上げてくれるやる気の高い人

［図表8］　2・6・2の法則

出典：ツドイカツヤク研究所「［2・6・2の法則］に応じた人材育成方法—上位・真ん中・下位それぞれに効果的な指導法とは？」

をさらに伸ばしていくほうが効果的です。

正しく評価されると分かって、伸びる社員は仕事ができるようになった楽しさも加わり、存分に力を発揮するようになってきました。職場環境や作業工程に関する積極的な提案も自発的に出されるようになり、認められればますますやる気に満ちてくるという好循環が生まれています。

コアな社員がこのような熱意をもった人になると、その姿に引きずられるようにして職場全体の雰囲気が活気あるものに変わっていきます。するとますますやる気を生み出しやすい環境が出来上がっていきました。

上からの圧力で「効率良く仕事をしろ」「サボるな」などと発破をかける必要はもはやありません。時間内のパフォーマンスが高く、質の良い仕事ができる人材が続々と育っていく職場に変わっていったのです。

凡事の改革⑦
年功ではなく適材評価で適所に配置

人をまとめる管理者である課長職に就くために必要な能力は、それぞれの部署に必要な専門的知識や技能もさることながら、やはり圧倒的にコミュニケーション力、つまり協調性です。ものづくりの現場の場合、技術力の高い人が賞賛されやすい傾向にあり、その優越性によって課長職に抜擢されることも多々あります。しかし、職人としての技術以上に重視したい大切な視点が、コミュニケーションの力なのです。

管理職となる人材としては、人望、技術力、協調性の三拍子がそろった人物が理想ではあるものの、なかなかすべてを満たす人物はいません。どれかに優先度をつけて判断する必要があるとすれば、順序は、協調性、人望、技術力の順となります。協調性はそれほどまでに必要度が高い要素です。

管理職に求められる協調性のなかで、特に重要なのは以下の点です。

一つ目は、多様性への理解と尊重です。職場という組織のなかでは、さまざまな経歴や思考法、価値観をもった従業員が、一つの目標に向かって力を合わせて成果を出そうとしています。管理職には、個々の従業員がそれぞれにもつ意見の背景にある考え方や価値意識がどのようなものかを推察し、受け止め、尊重することにより、一人ひとりの力を最大限に発揮することができるよう調整していく能力が求められるのです。

二つ目は、建設的なコミュニケーションをとる力です。従業員が集まった部署内では、互いに良い結果を出そうとして競争したり、優先する行動の違いから誤解を招いて対立したりと、良かれと思っていても人間関係をこじらせてしまう場合があります。管理職はこうした対立や誤解を招かないよう、普段からきめ細かなコミュニケーションで関係性を良好に保つ必要があります。それとともに、なんらかのきっかけで対立構造が生じてしまったときでも、その影響を最小限に抑えて、多様な意見が得られたからこその豊かな発想とアイデアの跳躍につながるようにする対話の力が重要となります。

また、部署のリーダーとなれば、対外的なコミュニケーションも必須となります。取引先との交渉などでは、建設的な対話のなかで、互いの利益がほどよくなる落としどころを探り、気持ち良く、また着実に利益を上げる事業にするための調整をしていく必要があるのです。

三つ目は、柔軟性です。協調性は、単に居心地の良い空気をつくってなれ合うことではありません。職場という成果を求める組織のなかでは、メンバー同士の感情がこじれないよう気をつけながらも、異なる意見を戦わせ、より成果の高い仕事へ引き上げていく調整も必要になってきます。

もちろん、顧客との交渉や取引先との連携なども、リーダーに求められる重要な役割です。提示された要望や環境などの条件を的確に把握し、メンバーの個々の対応力と集団となったときの関係性を客観的に見ながら、工程が進むにつれて変化する状況や情報、優先度に応じて適切な判断を行い、進むべき方向を調整して軌道修正する柔軟性が重要となります。

最後に、最も重要なものとして、目標の共有があります。これまで挙げてきた多様性の尊重や柔軟性は、目指す方向が一つに定められているからこそ力を発揮するものです。管理職として必要とされる協調性は、企業として掲げている大きな目標と、個々のチームとして目指すべき目標をメンバーに共有し、それを達成するための取り組みをサポートすることにもつながっているのです。

リーダーのタイプで、P（パフォーマンス：メンバーを引っ張る力）／M（メンテナンス：メンバーを支える力）の軸と、成果重視／プロセス重視の軸の2つがあるように、課長など現場のリーダーにも、これらのタイプのような傾向はあります。もちろん、どのタイプであればリーダーに向いているかという話ではありません。人間関係は互いに影響し合うものですから、部下の性質によって向いているリーダーのタイプは異なりますし、会社のトップ、つまり経営者の性質によっても異なってきます。

重要なのは、同じ協調性といっても、それぞれのタイプによって得意とする要素が異なることを認め、正確に自分の特徴を理解して強みを伸ばしていく姿勢です。

管理職となる現場のリーダーは、協調性を発揮しつつ、人望があると知られれば、求心力が高まります。人望がある人物とは、例えば、正直でぶれない誠実な行動で信頼を獲得する、誰に対しても偏らない判断や関わり方で公平性を保つ、自身の考えやビジョンを明確に示して共感を得る、などの要素が挙げられます。ほかにも、一つの方向を示しつつ結果を出すための努力を惜しまずチームを支援する、時間の見積もりを正確に行いメンバーの個々の特性に応じて適切な調整を行う、困難な状況や危機的な状態になったときは冷静で的確な判断を下すことのできる力をもっている、などの特徴があります。

当然ながら、すべての要素を満たした聖人君子のような人物はいませんから、職場の特徴に合わせて最も重要視する点を中心に、リーダーにふさわしい従業員を選んでいくことが望まれます。

私が最も重要視したのは、いわゆる「人懐っこさ」につながるコミュニケーション力と柔軟性でした。誰に対しても朗らかで、分け隔てなく対話ができること、メンバーをよく見て客観的に評価し、長所を伸ばそうとする姿勢でした。

年功序列の感覚からするとかなり若い社員をその能力を見込んで抜擢し、現場を任せてみたところ、本人のやる気が部下へ伝播(でんぱ)し、皆がいきいきと仕事に尽くし、頑張りもアップし、大きな生産性の向上につながったのです。リーダー自身もメンバーも互いに工夫し協調し合って、自走するチームが出来上がりました。

また、そのリーダーのいる部署の生産ペースがアップしただけでなく、関連する部署のリーダーとのやりとりも自然と増加して連携が強化され、会社全体での生産性を大きく向上させる体制がつくられたのでした。

一方で、時間の感覚と、部下に対する公正な評価も重要視しています。どんなに専門的な知識や技術をもっていたとしても、この2点の能力が欠けていると高品質な納品を支える体制の維持は不可能です。


課長以上の幹部に対しても、報酬で正しく評価し、褒めて伸ばすことにより、自主性を高めつつリーダーとしての力を発揮してもらうという方向は同じです。自分の特性や部下との関係性を的確に把握し、リーダーとしての素質を伸ばして部署の生産性を上げている課長に対しては「頑張っているね」と行動を評価し、そうでない課長に対してはさりげなく「下から（課長候補の名が）上がってきているよ」と伝えることで踏ん張ってもらえるかを見ています。

実際のところ、管理職のポストは限られているため、課長に引き上げて力を発揮してほしい社員がほかにも何人かいます。これは脅しではなく、常に適材適所で人材を配置する姿勢を明示することにより、自分がどのポジションにいることが最も適切かを考えてもらう機会としているのです。

その結果、漫然と現在のポストに安住しようとする人はいなくなりました。会社が期待する管理職の役目と、実績としての成果を意識した仕事ぶりが見られるようになっていったのです。

凡事の改革⑧
採用はWIN・WINの関係で

大手メーカーと中小企業の製造事業者とでは、採用の条件がかなり異なります。

まず、大手メーカーでは企業の知名度やブランド力を活かして、採用ブランディング活動を行うことが一般的で、採用活動だけのために大規模な予算を組み、ヒト・モノ・カネのリソースを豊富につぎ込むことが可能です。このため、大規模なリクルーティングや広告、求人の説明会などを行うことができます。

大規模な一括採用が主流となり、多数の新卒者を同時期に採用することから、標準化された採用基準や評価軸に基づく判定で採用することが主流です。一般的には、オンラインテスト、グループディスカッション、面接などの複数ステップで構成された選考プロセスが設けられています。そして、採用後も、明確なキャリアパスや研修制度が整っていることが多い一方で、部門や役職によっては専門性に特化し、部門間の交流がない場合もあります。

これに対し中小企業の場合、限られた予算のなかで効果的な採用活動を行う必要があり、紹介や地域密着型のリクルーティングが中心となります。研修は実際の仕事をしながら学ぶＯＪＴが中心となり、確実な人材の確保を図るため、新卒より中途採用で即戦力を得ようとする企業も多いです。採用そのものも毎年定期的に行うのでなく、必要に迫られたときに段階的または個別に採用することが多くなります。

私の会社でも、部署ごとに人手を必要としたとき、その専門の技術をもつ人材を募集します。新卒生を一から育てるのは相当の労力がかかり、2~3年でようやく仕事を覚えたと思ったときに辞めて次のステップに進もうとする人も多いため、よほどのことがない限り経験者の中途採用です。

採用後の研修期間は1週間程度とりますが、特別なトレーニングを積むわけではありません。実際の仕事について手順やノウハウを学んでもらいつつ、前職までのキャリアを活かしてもらえる場となっているか、部署の相性を見ていきます。

中途採用のため、当然ながら平均年齢は高くなります。持病を抱えた人もいたりしますが、それでも構いません。働ける間は働いて、会社に力を貸してほしいと考えています。

企業で働くうえでは、雇う側にとっても、雇われる側にとっても、互いにメリットのあるＷＩＮ・ＷＩＮの間柄にならなければ、良い関係性を築いて互いの力を発揮することは不可能なのです。

このため、経営者としては、どのタイミングでどのような人を採用し、社員が満足できるほどに稼げる場を用意し、利益の還元につなげるのかは、いつも頭を悩ませ、不安がつきまとう課題でもあります。

私の会社の場合、契約期間を限定した有期雇用の人はいません。また、非正規雇用（パート社員）は、本人が希望する場合だけそのように扱います。基本は正規雇用（正社員）で、安心して仕事に集中できるよう配慮しています。

これは、パフォーマンスで行っているのではなく、実際のところ非正規雇用でもほとんど仕事の内容が変わらないのですから、安定した働き方ができる正規雇用できちんと雇用関係を結び、会社に対する信頼を高めてもらえるほうが、よほど価値のあることだと考えています。

意外に思う人も多いのですが、私は家族をもつ人を積極的に採用しています。家族がいると、家庭の事情で休むことが増える印象をもたれがちですが、むしろ逆です。養わねばならない守るべき家族がいる人のほうが、真面目に仕事に向き合ってくれるのです。

若さゆえの体力や知識の吸収力に期待して、自分好みの社員を育てたいと新卒生にこだわる経営者も見てきました。しかし、終身雇用の考え方が崩れてしまった近年は、正社員で採用されたとしても、生涯をこの企業に捧げようと思っている人のほうが少なくなっています。身軽な独身者のほうが蝶が花々の間を飛び回るように職を転々としがちで、採用側が振り回されてしまいます。

もう一つ、中小企業の採用に関する誤解を挙げておきます。働き方改革の制度に対する考え方です。

働き方改革は、個人の仕事に対する多様な価値観を認め、企業に対し従業員の柔軟な働き方への理解やワーク・ライフ・バランスを重視した労働環境を提供することを求めています。特に、健康と安全の確保は大きな課題とされ、残業が常態化するような劣悪な労働環境を改善し、過労死対策を強化するよう定めています。

大手は積極的に取り組むことができますが、中小企業は体力がないため、なかなか体制を整えることができず、採用に不利になると考えられています。しかし、この考え方は180度転換する必要があります。

中小企業が慢性的に抱えてきた長時間労働を解消するためのキラーワードとして、「働き方改革で決められたことだから」と、残業をしないで済むよう営業中の業務効率を上げる努力をしてもらったり、ビジネスにおける時間の価値を明確にして生産性の向上を図ったりすることが可能となるからです。つまり、働き方改革を大義名分にして、積極的な人の確保を行うことができます。

大手企業ほどの福利厚生やキャリアアップのチャンスが見込めないというイメージが強かった中小企業にとっても、働き方改革が浸透することによって柔軟な働き方やワーク・ライフ・バランスを重視する環境の提供が当たり前のこととなっていくと、大手と同じ土俵に上がって、純粋に仕事の内容で人材確保の勝負ができるようになります。

就職活動を行っている応募者側にとっても、「面白そうだけど働いてみたらブラック企業だった」というリスクがある程度減るため、大手企業に入って多くの従業員のなかで埋没するくらいなら、中小企業で自分の力を最大限に発揮したいと考える人が増えつつあるのです。

また、フレックスタイムや短時間勤務など、さまざまな働き方の形態を選択することができるようになって、これまで家庭の事情などで長時間労働を敬遠して就職を諦めていたような層の人たちが求職者となりつつあります。多様なバックグラウンドや価値観をもつ人が合流し、人としての価値観や生き方に沿った職場環境に対する要求も多様化しています。多様な人の集まりは、仕事のアイデアや変革に対しても、新しい風を吹き込むことが期待できるのです。

特に、現在の若い世代の求職者は、単なる給与や地位だけでなく、自らの価値観や生き方に合った職場環境を重視する傾向が強まっています。働き方改革に取り組む中小企業は、企業として掲げる価値観を変えていくことが可能で、求職者の希望に沿った職場環境を提供できるため、価値観の合った者同士で仕事をつくり上げる魅力が増しているのです。

こういった働き方の変化は、中小企業が採用戦略を考えるうえで大きな変化をもたらしています。しかし、働き方改革の取り組みは企業ごとに異なるため、その内容や進捗度に応じて採用に及ぼす影響も異なります。

小さな会社では、自分たちの組織だけの力で改革できることはわずかしかありません。国の制度でもなんでも、使えるものは積極的に使っていくことが重要です。

こうした点に気を配った結果、現在は社員の定着率も向上し、トラブルもなく、自分たちの身の丈に合った採用で生産性の高い状態を保つ体制をとり続けることができています。

人がいてこその企業

規模の大小を問わず、企業の要は人です。このため、どの組織でも人材を活用しようと躍起になっています。一方で人はリソースの一つではありますが、施設や部材のようにモノ扱いできるものではありません。あくまでも尊重されるべき人間としての尊厳がありま す。

「人材活用」という言い方に問題があるわけではないのですが、単なる人の配置や時間管理に終始して、人間として尊重しないような扱いは厳に慎まねばなりません。「引っ張らないリーダーシップ」のさまざまな形態も、やる気を出させる動機づけのパターンも、人の特性に配慮した管理職の配置も、すべてその根底には人として尊重されるべきコミュニケーションや、価値の多様性を認める柔軟性に支えられた関係性の構築がありました。その最も中心にあるのが信頼です。信頼があってこそ、人は他者との関係性を築くなかで、能力としても役割としても、自己肯定感を高めていけるのです。

人を尊重し信頼に基づく関係性での企業活動は基本中の基本であり、いわずもがなの当たり前です。だからこそ、互いの価値観の相違のなかでないがしろにされてしまったり、誤解を生じ、こじれてしまったりしてビジネスが停滞してしまうのです。

私の会社の場合も、民事再生で谷底まで信頼が落ちましたが、根気強く働きかけを行い、経営者として、また企業として、信頼を積み上げてきて、現在では社長就任直後の頃から見ると2倍の社員を雇えるまでに拡大しています。やる気をもった人が自ら仕事の改善点を提案し、活気のある職場の雰囲気を保つための地盤固めをするところまで至りました。

まだまだ課題も多いなかですが、ようやく身の丈に合った経営といえるまでになったと感じています。

［第4章］

成長を見据えた設備投資はできているか――。「10年後の未来」を見据え、製品ラインナップを拡大させる

10年先を見通した設備投資が企業を救う

生産現場と人事評価制度の改革に加えて、もう一つ、私には社長としての重要な務めがありました。それは資金の確保です。民事再生まで落ち込んだ企業だからと、社長就任当初は融資に前向きな金融機関はどこにもありませんでした。私は決算書をもって銀行を回り、コツコツ整理してきたデータを基に、社内整備の状況や事業の見通しを説明して信頼を積み上げていきました。

組織における重要な柱として、品質の管理、人の管理を挙げましたが、これらはいわゆるソフト対策といえます。これに加えてもう一つ、特に製造業の企業にとって重大な柱となるのが、施設や設備といったハード面の整備です。

建物や機械など形あるものは必ず壊れます。また、テクノロジーやデータは絶えず改良・更新を重ねていきますから、どんなに新しいものでも、今出来上がった瞬間をピークに古くなっていく定めにあります。

製造業でいえば、ものづくりを支える主な機械は、修理用の部品の保管期間が修繕の限界となっていきます。目安にすると、およそ10年です。このくらい年月が経つと、基盤としている技術についても、単純な改良（マイナーチェンジ）だけでなく、新しい研究成果などを踏まえた抜本的な刷新（フルモデルチェンジ）が進んでいる可能性があり、そっくり入れ替える必要が出てくるわけです。

商工中金（商工組合中央金庫）が行った調査によると、２０２２年度に設備投資を行ったと回答した企業の割合は全体の約63％と、２００４年度以来の高水準となっています。全体的な推移でいうと伸び率の高いのは「合理化・省力化」「情報化」に関する投資です。これには、近年のＩＣＴの進展やインターネットの普及を背景に、新型コロナウイルス感染症の世界的流行を受けたオンラインでの代替機能の整備などがあり、情報処理技術やソフトウェア関連への投資が進んだことが分かります。

ＡＩやロボットによる自動化など、ＩＣＴの発展に伴うデジタル対応やＤＸがこれからのものづくりにも重要な要素を占めていくのは疑いのないことです。その一方で、この調

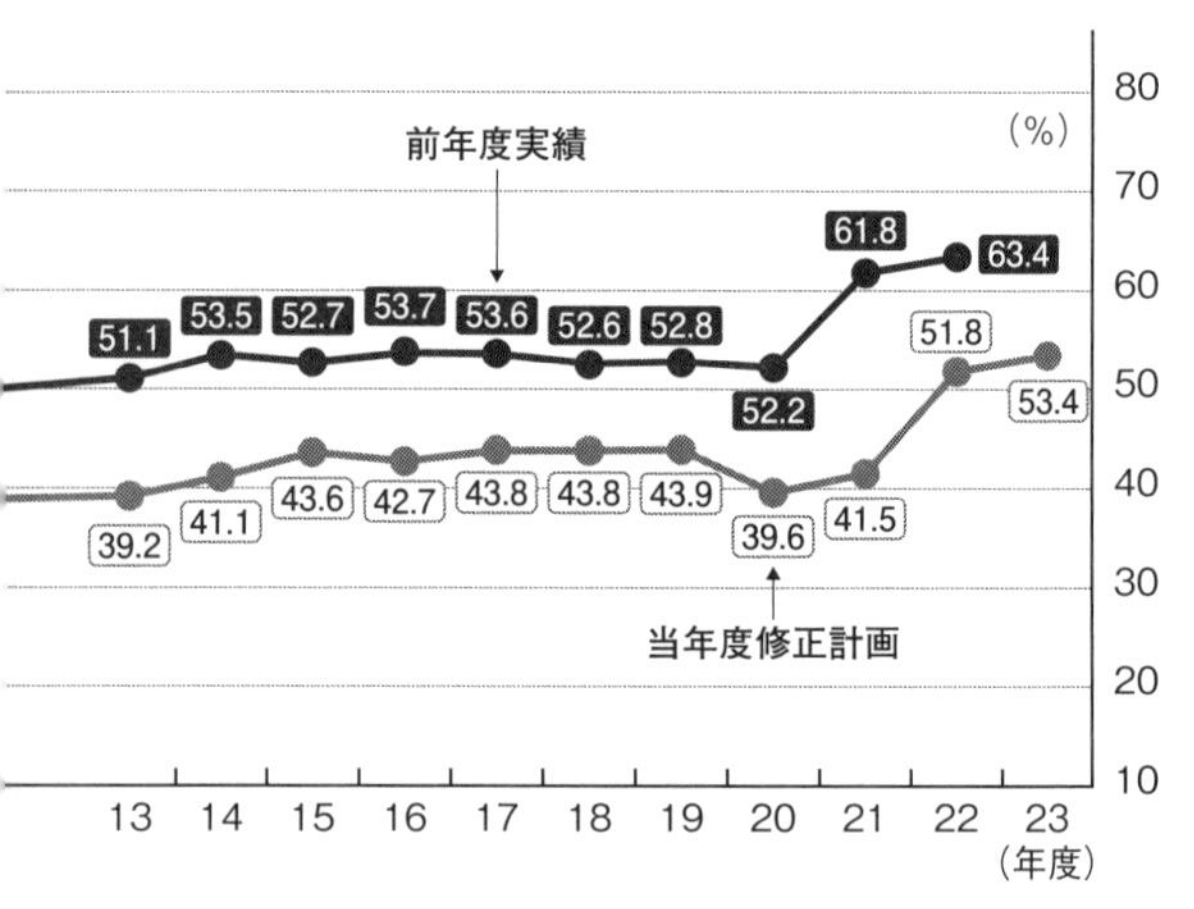

出典：商工中金「中小企業設備投資動向調査〔2023年７月調査〕」

査の結果を詳細に見ていくと、設備投資の目的としては「設備の代替」（約45％）と「維持・補修」（約31％）がツートップであり、両者を合わせると全体の４分の3以上になります。そして、この傾向は、新型コロナウイルス感染症対策でオンラインや自動化への注目が大きくなったここ数年も、ずっと変わっていないのです。

「設備の代替」としては、例えば旋盤やプレス機などの機械が老朽化し、頻繁に故障するようになって、新しい機械に置き換える必要が生じた場合や、アナログからデジタルへのシフトなど業界全体で

［図表9］ 設備投資「有」とした企業の割合（実績と修正計画）

抜本的な技術革新が起きたことで、対応する機械へ刷新しなければならなくなった場合、顧客のニーズに対応するため既存の製品の品種を多様化・精細化する必要が生じて、対応できる機械への入れ替えが必要となった場合などが考えられます。

「維持・補修」としては、システムや製造ラインの定期的な点検や清掃など予防的に行われるメンテナンスや、駆動ベルトやブレーキパッドなど摩耗した部品の交換により、機械全体の寿命を延ばすものや、故障や事故などを受けて緊急的に行う修理や復旧作業などが挙げられます。

ものづくりの場合、機械は大掛かりなものが多くなります。当然ながら、設備そのものも高額になりますし、設置や作業にかかるスペースの確保も、建物も必要になります。したがって、設備投資には巨額になりがちな資金をいかに確保しておくかが重要なポイントになります。

最新の機能を誇る機械へ入れ替えれば、生産の効率は大きく向上します。また、多品種小ロット対応など顧客のニーズにもより柔軟に対応できます。省エネルギーや労働環境改善など社会的な意義も大きいかもしれません。しかし、抜本的な入れ替えや全面的な機械の刷新は、相当な資金を必要とします。

このため、現実的な設備投資としては、現在稼働させている機械をできるだけ長く効果的に使えるよう整備・改良を続けつつ、どのタイミングで大規模な入れ替えを行っていくのがよいかを的確に見定め、照準を合わせて計画を立てていく必要があるわけです。

ここから見えてくるのは、施設・設備といったハード面での対策は、自社と業界の成長を見据えたトレンドを押さえたうえで思い切った投資の判断ができるよう、全体的な視野をもち、長期的な展望を予測して最適な投資の方向を定める感覚を研ぎ澄ましておくことです。加えて足元では、着実な資金確保を図っていく経営手腕が重要です。

最適な設備投資を判断する目を養い、資金確保の体力をつけるための大きなヒントとなるのは、決算と事業計画です。

新規の設備の導入では、自社にとって今後どのような設備が必要となるのか、またその設備を確保するとどのような効果が得られるのかを、重要度や緊急度といった優先度を踏まえて検討したうえで、それらの設備を確保するためにどれほどの土地や資金が必要になるのかを整理し、具体的な計画へと落とし込んでいく必要があります。

このとき、新規入れ替えが完了するまでの期間、現在稼働している設備が現状の利益を持続させつつ、さらに新設備の導入や土地確保に向けた資金も上乗せした利益確保を果たせるよう、維持・補修の計画も並行させ、新規入れ替えの実行性を担保する必要があります。

実行可能な計画は、決算という実態を踏まえた見通しのなかからつくり出されます。そして決算から見通すセンスは、年に1度だけまとめられる数字を眺めていても養われることはありません。毎日の収支、つまり売上と仕入れの動きを見たうえで、差し引きの利益がどのような動きをしているのかを地道に把握し、短期・中期・長期のそれぞれのステージで今後の見通しを立てていくなかで磨かれていくものです。

地に足が着いた数字による見通しがあるからこそ、顧客や現場からの要望に対して客観的な対話による事業方針の理解を促すことができます。また金融機関に対しても、融資するに値する事業の展望があることを訴えて味方になってもらえ、資金確保のめどを立てることができます。金融機関という投資のプロが示す反応によっては、自社の取り組むべき事業の視座をさらに高めていける可能性もあるのです。

毎日の地道な数字の積み重ねによる設備投資が、企業が健全な事業経営をしていくために必要な第三の「当たり前」です。

「このままだと10年もたない」設備投資は待ったなし

私が社長を引き継いだ当初は、まだ民事再生という死に体から立ち直る途上だったこともあり、大きな設備投資など望むべくもない状態でした。社員の働き方や営業・納品といった根本的な部分に課題が山積みであったため、とりあえず油を差しておけば動いてくれる機械などの設備整備にまでは、とてもではないが手が回らなかったというのが正直なところです。

しかし、機械ものんびり待ってはくれませんでした。社員の働く環境が徐々に整っていくと、たちどころに問題が表に出てくるようになったのです。新たに入れ替える余裕はないからと、修繕でなんとか対応してはいたのですが、このままの状況ではとても10年はもちそうにない状態でした。

当時、プレス関係だけでも5～6台の機械が動いていました。初めは機械の調子が悪くなり、少しずつ故障が増えてきたように感じた程度でした。製作過程で起きる失敗も、機械の故障によるものより社員のヒューマンエラーのほうが目立っていましたから、初期の頃は気になるほどではなかったという事情もあります。

それがやがて、単なる調子の悪さだけでなく、漏電や摩耗など、老朽化による根本的な問題が目につくようになっていきました。そして、故障による不良が目立って増えていき、故障箇所の修理や作業のやり直しなどによって倍の工程が必要となって、時間も原料コストも膨れ上がりました。頻度も年に1度程度だったのが、半年、2～3カ月、毎月と加速し、オーバーホール（機械を分解し、清掃、再組み立てを行い元の状態に戻すこと）も必要になりました。そして最後には、毎週のように問題が起きるようになっていったのです。

機械の故障による影響は、単に作業が止まるだけではありません。もともと工数も納期も原価も、正常に機械が稼働して順調に作業できることを前提に組み立てています。しかし一度故障すると、故障した箇所や原因の特定、修理の時間に加えて、正常に稼働できるように復旧したことを確認する試運転の時間と人手が必要です。故障時の失敗作や修理中の試作にかかる原材料もまるまる無駄になります。

さらに深刻であったのは、24時間稼働で運転させる必要があった機械です。いつ機械が不具合を起こすかを予測することはできません。万一のときのために、機械の操作や修理・再開の作業を行うことができる社員を一晩中張りつかせておかなければならなくなったのです。

故障で機械が止まると、調子良く進めていた作業に対し一気にブレーキがかかってしまいます。やり直しの作業が繰り返されていくなかで、報われない思いでいっぱいになって現場は心身ともに疲弊し、悲鳴を上げるようになっていったのです。

このままでは、仮に機械が10年もったとしても社員が耐えられません。早急に新しい機械へと入れ替える必要がありました。しかし、短納期の注文が多く、ぎりぎりいっぱいで製造工程を組んでいるため、機械の入れ替えのために現在の作業を止められないという事情もあります。そうなると道は一つしか残っていません。新しい工場の建設です。

私の両肩に、民事再生からの完全復活と新工場の建設という大きなミッションが課せられたのでした。

早く設備投資を始めなければと焦る毎日でしたが、先立つものが整いません。社長就任時に前任者への退職金の支払いなどがあり、一気にキャッシュが減って余力がないなかでの再出発でしたし、毎日の仕事を効率良く回して利益を出すのが精いっぱいでした。それに、取引先も金融機関も「民事再生の会社」というレッテルで評価するため、資金繰りに対してはとても厳しかったのです。

民事再生当初、原材料の仕入れ先も、売上の回収を懸念するあまり売ってくれない状態が続き、ごく親しいところへ泣きついて代わりに原材料を仕入れてもらい、現金と引き換えに分けてもらうようなありさまで、正常な取引はなかなか再開しませんでした。金融機関も同様です。設備投資のまとまったお金を用意するには融資を受けるしかないのですが、何行も頭を下げて回ったものの、「でもね芦田さん、民事再生を受けたでしょ」と門前払いでした。けんもほろろだったのです。

凡事の改革⑨

金融支援に向けた信頼の手形は決算書と事業計画書

設備投資の願望が現実味を帯びたのは、民事再生で離れていった金融機関が取引を再開させてくれたあたりからでした。

社長に就任して以来、私はずっと欠かさず金融機関へあいさつ回りを続けていました。決算書をまとめるたび、次年度の事業計画書と資産表を併せて携え、報告に回ったのです。とはいえ、仰々しい書類をつくってプレゼンを行ったわけではありません。売上高や営業利益、キャッシュフロー、債務の状況といった経営状態を示す数字を、社長である私自身の口から丁寧に説明していきました。

数字は嘘をつきません。数年たどっていけば営業利益が明確に上向いていることが見て取れますし、キャッシュフローの安定性も明確になってきます。金融機関の態度は、ごまかされない数字に基づいて厳密な判断を行っているため、こちらの経営状態が悪ければ厳しく感じられますが、安定した数字が並んでいけば正直に取引を再開してくれます。

そして、今から思えば、経営者が自分の言葉で自分の会社の数字を迷うことなく説明していたことも、金融機関にとっては大きな安心材料になったのだろうと考えます。日々のお金の出入りや手元に残る利益、全体としてどのくらいの体力があるのかといった財務の状況把握は、他人任せで年次報告を受けているだけでは、なかなかつかむことができません。中小企業の経営者であれば、自分の会社の健康状態を分かっているのは当たり前の話です。決算の数字を自分で紐解き、誰から質問を受けても即答できるよう、毎日の数字を含めた把握をしていくことが、信頼を得るための重要なポイントとなるわけです。

コツコツと続けた銀行巡りでの事業説明が少しずつ実を結び、会社に対する評価は、数年経って支店長が交代したタイミングで上がっていきました。その頃には利益も着実に出るようになっていました。ようやく1行から、「過去のことは水に流して、取引を再開しましょう」と提案があったのです。

そして、1行と取引が再開すると、じわじわとほかの銀行との取引も再開されました。

1000万円程度からスタートし、返済実績が確実な状態を見届けると2000万円、3000万円と融資の規模も拡大していったわけです。

このとき、取引を再開した銀行のうちの1行が、新工場によいのではないかと土地候補を探し出してくれたのでした。財務状況を説明するたび、売上は順調に伸びているがこれ以上引き合いが増えたら対応に限界が来ること、人の問題以上にハード面に課題があり、設備投資が不可欠なこと、事業を止めないため新工場を建設したいことなどを数字とともに伝えていたのですが、銀行の担当者がそれを覚えていてくれたのです。

たまたま外回りのときに遊休地を見つけ、「これは芦田さんに良い条件だ」と、わざわざ飛び込みで土地の持ち主に連絡までとり、交渉の支援をしてくれました。

これも日頃から、具体的な数字を基に望みを話していたからこそです。なんともありがたいことで、土地の確保ができたこともあって、その後の工場建設にかかる融資の相談はとてもあっさりと順調に進めることができました。

そしてようやく、新工場建設の事業計画が認められました。土地を見つけてくれた銀行をメインバンクとした3行の共同出資で新工場の構想が実現したのです。

新工場建設は、結果として借入3億円に加えて、追加融資が1億円となりました。並行してリース分で3億円、合計7億円を得て新しいステージへと踏み出すことができたのでした。

小さな利益でも、確実に積み上げる経営で小さな借入をきちんと返し、企業としての信頼を強めれば、大きな借入で事業規模を一新させていくことができます。銀行の貸出は、再開当初の「貸してあげてもよい」から、今では「借りてください」と、毎年複数の銀行から声をかけてくるようになり、付き合いを保つために1行あたり4000万円以上の借入を行うなど、ゆとりのない資金繰りの悪循環から解放されてきています。

ここまでの状態に引き上げることができたのも、決算書や事業計画書から紐解かれる経営上の数字があったからこそです。

金融機関が企業の返済能力や事業の安定性・成長性を評価する際に参考とする項目や指標としては、次のようなものが考えられます。

まず、返済能力を見る指標の最も重要なものとして営業利益があります。企業が本業から得ている利益です。営業利益が高いほど、返済能力があると判断されることが多くなります。

次に重要なのがキャッシュフローです。当面のやりとりにおいてどのくらいの体力があるのかを、営業活動からのキャッシュフローがポジティブかどうか、またその規模はどの程度かによって測ります。短期的な負債の返済能力は、流動比率（流動資産を流動負債で割ったもの）が1以上であるかどうかでも測ることができます。

また、事業の安定性については、売上高や、売上高に対する営業利益の割合（営業利益率）を単年度でなく過去数年間分見たとき、どの程度増加しているか、また一定の割合で収まっているかで見て取ることができます。

たとえ中小企業でも経営者であれば、ここに挙げた項目くらいはどんな数字になっているのかを把握し、なぜそのような数字になっているのかと質問されたときに即答できるよう、背景の事情を明らかにしておく必要があります。

経理の用語が続いたことから難しく感じるかもしれませんが、簡単にいい換えれば、営業利益は、本業の売上から経費を引いたものです。要は収入と支出をきちんと把握していればよいわけです。

毎日の作業は会計ソフトへ収支を入力するだけで、必要なときに集計をとることができます。特別な経理の知識がなくても、自分の会社のお金がどんな動きをしているのか、その動きはどう説明をつけることができるのかを、いつ誰に聞かれても数字で説明できるようになっておくことにより、堅実な経営者がいるのだと、安心してもらえるようになります。

経営状態を数字で把握していれば、内部への説明時にも大いに役立ちます。昇給やボーナスなど個人的な話も、会社としての全体的な数字を踏まえて説明することにより、客観的な対話となります。また、備品や原材料の備蓄、新規設備の導入など現場からの要望に対しても、数字で説明すれば要求どおりの整備ができなかったとしても納得できるはずです。私は、機械などの設備だけでなく、備品や原材料についても、社長決裁が必要なほどの規模になると、毎回決算に目を通してから判断するようにしています。

そして何より、利益が出ているときも少なかったときも、どういう事情があったのかということです。それを経営者自らが把握し、見通しを立てていることが分かると、従業員にとっても融資先にとっても、安心を与える代え難い信頼を得ることができます。

見通しはポジティブであるとは限りません。経営を数字で見通していると、このままの状況が続けば問題が発生する、あるいは現在は問題とはいえない事象だがいずれ問題化して悪影響を及ぼすといったリスク予測もできるようになります。あらかじめ対策を講じて回避を図ることができれば、リスク管理もできる備えの強い企業であるとの評価を得ることも可能です。

内外ともに信頼を得るためのよりどころが、決算書と事業計画書に詰まっているのです。

凡事の改革⑩

製造業のポテンシャルを最大まで引き上げる設備投資

旧来の機械を設置してあった工場は、新工場が稼働し始めたあとは第二工場として稼働していましたが、新工場開設から1年半後、機械はとうとう完全に壊れてしまいました。当初は、古い機械もだましだまし修理しながらであれば10年くらいはもたせられるかと考えていました。しかし、実際にはもうほとんど寿命が尽きていた状態だったのです。

結果的に、新工場建設の判断は最適のタイミングで行われていたのでした。もう少し落ち着いてからにしようなどと設備投資をためらっていたら、息の根が止められてしまっていたかと思います。

製造業の生産能力は、機械設備の性能に比例します。自動化や大規模化、多様化などにより、人の判断や操作技術に頼らなくても時間短縮と品質の均一化を図ることができる機械は、ヒューマンエラーを大幅に減らします。時間と人間の手間を浮かせた分を、開発中のプロトタイプ製作のようにきめ細かく個別に対応すべき作業へ集中的に投入することもできます。

また、板金の曲げの工程のように微調整が必要で臨機応変の対応が求められるものの場合は、完全に自動化した最新機能に慣れすぎると技術の継承ができなくなるリスクも増すため、古い機械も稼働させてある程度の操作技術を蓄積しておくことも重要です。

基幹となる設備を整える際には、最新の機械を導入する方向で考えることが必要です。人員も機械も大きな買い物であることには変わりないのですが、人であれば途中で育成する道もあります。しかし、機械は入れたときが最も高機能で、その後は変わることがなく、どれほどメンテナンスを工夫しようが古くなる一方だからです。中古機械を導入する場合は特に気をつけておきたいところです。

実際に私の会社で、予算が合わないからと自動で金型の入れ替えができる機種を見送り手動タイプを採用したところ、社員の勤務時間帯にしか金型の変更ができず、24時間稼働の良さを活かしきれなかったという苦い教訓が得られました。あとから気づいてもフォローの利かない工程に影響するものは致命的です。

設備投資の際には、現場の声をよく聞き、業務遂行に効果的かつ重要な機能を絞り込んでいくことが求められます。一方で、設備投資は大規模な予算を必要とするため頻繁に行えるものではなく、一度刷新したあとは、小規模な維持補修を繰り返しながら長期にわたって投資分を回収していくことになります。

このため、地に足が着いた事業を展開するためには、その設備投資の方向がこれからの市場にとって需要のあるものなのかをよく見極め、自社の根幹事業の柱となる技術と、先を見越した新しい技術の組み合わせで、何が必要になるかを判断していかなければならないのです。

設備の導入は、将来の市場ニーズや技術のトレンドを把握した戦略的な投資としていく必要があります。これは大手メーカーであれば当然のことで、さまざまな研究や開発が並行しています。

一方、地方の中小企業では同じような規模での取り組みは不可能ですから、地域や顧客層を限定したニッチな市場で独自の競争力をつけていく必要があります。

例えば、地域特有の作物や栽培方法に合わせた特別な機械、伝統工芸の技術やデザインを継承し、現代の生活スタイルと融合させたキッチン用品やインテリア用品、ゼロカーボンを目指し地域の気象状況に合わせた再生可能エネルギー利用の家電製品といったものが挙げられます。これらのように、大手メーカーでは費用対効果が出づらい領域で先鋭的な開発を進めていくことが重要となるわけです。

しかし、こうした特殊な製品は、最先端の知識や柔軟な発想力、高度な技術力が必要で、私の会社のように平凡な頭と腕しかもち合わせない中小企業にはとても手が出せるものではありません。むしろ8割以上の企業が平凡な毎日を積み重ねているからこそ、とがった2割の企業が未来を牽引する新しい技術を自由自在に切り拓いていけるのだと実感を込めていいえます。

持続的な設備投資に向けて

製造業の心臓である機械の老朽化という危機を乗り越え、新工場の建設と大規模な設備の刷新を果たすまでの原動力になったのは、毎日の収支という数字でした。決算書や事業計画書の記載事項が着実な利益を上げている企業の証しとして機能しました。

さらに効果的だったのは、経営者である私自身がその数字を自分の言葉で説明できるほど確実に把握し、本気で事業拡大を必要としていることを証明して回ったことです。それにより、金融機関の共感を得ることができ、最高のタイミングで土地を確保し融資を受けることができたのでした。

新工場への移転と大規模な設備の増設により、生産能力は倍増しました。24時間稼働の機械操作を始めて社員の負担も大幅に軽減してストレスがなくなり、新しい機械に広いスペースができたことで、作業が気持ち良く進められてモチベーションも集中力も上がり、さらに生産性が向上するという好循環も生まれていきました。

物理的な職場環境が良くなると会社全体の印象が良くなります。この会社で働いているということへの誇りや愛着も出てきます。採用にも良い影響が出てきました。工場が新しくなってくれたから、就職活動のときに「芦田産業だ」と親への説明がしやすかったと笑って言う社員もいたほどでした。

地方の小さな会社は、大手のようなイメージ戦略を展開することはできません。実直に、着実な仕事を続けていけることを、そしてその仕事を通じて安定した生活を地域のなかで長く続けていけることを、現実の形で実行し見せていくことです。これが唯一最大のブランディングだといえます。

このように、新しい職場環境が整ったことにより、現場のモチベーションや集中力が高められ、時間や手間、原材料の無駄が大幅に削減され、生産力は飛躍的に向上しました。社員の心身の負担が減って余裕が生まれ、より効率的な作業の進め方を工夫するなど、各自が経費の感覚をもち、まだ粗削りながら、部署内や部署間の情報連携も進み、自分なりに現場の運営を考えながらの行動がとれるようになってきました。

少しむちゃだと思えるようなオーダーでも、かつては「絶対無理です」と拒絶されたら引き下がるしかなかったのですが、今では、少しでも可能性を探して「どこの水準までだったら対応できる?」「納期がいつなら仕事を入れられる?」と、課題を細分化して問えば、「ここまでなら」と自部署の能力を見積もって回答できるようになってきました。

また、自部署では手に余る場合に他部署へ応援を頼む連携依頼も、自分から出せるようになってきています。

完全に足を離したジャンプは着地に失敗したときにけがが大きくなりますが、つま先が地面に着いた背伸びであれば成功確率は高まり、筋力を蓄えて次のステージに上がるための力となっていくでしょう。

自走する職場へとまた一歩、近づいています。

［第5章］

平凡こそ非凡なり――。経営の〝当たり前〟を徹底すれば、どん底からでもV字回復できる

身の丈に合った経営を

「品質管理」「社員への利益還元」「設備投資」に関するポイントに「凡事の改革」として取り組むことは、どれもみな言葉にしてみると「当たり前」と思えるものばかりで、目新しさは感じられなかったという人もいると思います。しかしそれこそが核心を突いた気づきなのだと、あえて伝えたいのです。

重要なものほどシンプルで、基本がしっかりしています。価値基準の基盤となるようなもの、わざわざ意識しなくても体が動くようなものは、いい方を変えれば「当たり前」の状態まで洗練された基本といえます。地味な「当たり前」を、その形どおり、当たり前にこなしていくことが中小企業にとって最も重要な経営戦略になるのです。生き残りの厳しいこれからの時代では、企業のあり方の基本に立ち返ることこそが必要とされているのだといい換えることもできます。

戦術の展開が満足にできない中小企業の場合、この「当たり前」の状態まで環境を整え

［図表10］　凡事の改革　ポイントのまとめ

品質管理	顧客からの要望を受け止め、希望どおりのものを提供する
	現場のリーダーどうしが連携できる仕組みを構築する
	歩留まりを良くするためにミスを回避する
社員への利益還元	一人ひとりの特性に合ったリーダーシップを発揮し、職場の関係性を強化する
	従業員が自分から工夫し働くような仕組みをつくる
	昇給や賞与などで会社への参画を促しやる気を出させる
	現場リーダーを適材適所に配置する
	人材確保に関する戦略を立てる
設備投資	決算書と事業計画書を理解し説明できるようにする
	設備の性能を最大限引き出せるような戦略を考える

て維持するだけでも、十分に「改革」レベルで効果が実感できるようになります。
試しに、この10項目の「当たり前」をどこからでもよいので実際にやってみると、言うは易く行うは難しです。頭で考えていた以上に、行動を伴わせるのは難しいものだと感じたはずです。なぜなら、企業はさまざまな人間が集まった組織であり、1対1、1対多、多対多とさまざまな関係性が絡まり合っているからです。「改革」は、このような絡まった関係性に変化を与え続けることで、組織全体の体質改善を図っていくのですから、何が起きるか誰にも予想がつきません。少し力を加えただけでも、思わぬところに影響が出てきます。

そして、その影響をプラスにするかマイナスにするかは、この組織をどこへ向かわせようとしているかを知っている経営者のイメージ次第なのです。

実際、私の会社の場合、負債総額が10億円に届くまで膨らんで民事再生を受けるほどに荒れてしまっていた職場環境を、この10項目の「当たり前」をコツコツと地道に繰り返し、ごく普通のレベルにまで体質を回復させることによって蘇生させることができたといえます。そのときは、目の前の一歩しか見ることができない状態でしたが、歩みを止めることだけはしませんでした。平凡な繰り返しを毎日続けていく。ただそれだけでした。そして、さらにコツコツと地道に歩みを続けた結果、「当たり前」の積み重ねが周囲を動かし、信頼される企業として認められるようになったのです。

取引が拡大したばかりでなく、周囲の協力を得て新工場を建てる場所も見つかり、融資の声もかけてもらえるようになって事業規模が飛躍しました。手元のキャッシュも利益も数百万円しかなかったものが、設備規模・人員規模ともに民事再生適用時の数倍にまで拡大させ年商数億円を安定して取り回し、着実に事業を続けることができるまでに至りました。

これもひとえに、毎日の売上・仕入れの動きや職場の社員の働きぶりをこの目で見守りながら、声をかけ続けた結果です。

大企業の真似はしなくていい

「当たり前のことを当たり前に行う」という考え方の基本には、問題に対して他責にせず、自分にできることを探すという姿勢があります。

他責というのは、自分でどうにもならないところで問題が起きていると断じることです。いわく、時代が悪い、社会の仕組みが悪い、前任者が悪い、トップが悪い、従業員が悪い、取引先が悪い、金融機関が悪い――。このように、外部へ原因を求めて並べたてている間は、責任転嫁や言い訳にすぎず、決して事態が好転することはありません。

たとえそこに事実が隠れていたとしても、自分が周囲からどんな影響を受けているかを切々と訴えるだけでは問題が消えることはありません。自分以外の人にとってはなんの興味も湧かないばかりか、理不尽に責められたとして態度が硬化してしまいかねません。他責で問題を指摘しても、周囲が忖度して解決してくれることはあり得ないのです。

ではどうすればよいかというと、まずは自分から動いて、自分の手が届く範囲を変えていくことです。原因が自分にあるとは思えなくても、自分から動いて対処できることはいくらでもあります。私の場合、現場に出て、働きぶりや売上の様子を自分の目で実際に確かめることでした。自分で動くとは、この程度の一歩からのスタートで十分です。

自分が先に動くと相手の非を許すことになるからと行動を起こさない人も数多く見てきましたが、端的にいって時間の無駄です。動ける人が動いていくことで周囲に影響を与え、結果的に良い状態を早くつくるほうがよほど大切です。たとえ他者に要因がある事態だったとしても、自分にできることを探し、コツコツと積み上げていくのです。

自分が変わると状況が変化し、相手との関係性が変わっていきます。これを身の丈に合った状態で「当たり前」のレベルへ整えていくわけです。正義のヒーローが魔法のようにすごい手を打ち出す必要などありません。あくまで自分の身の丈に合った範囲で、徹底して無駄を省き、誠意を尽くすのです。

納期を守る。工程を管理する。在庫を管理する。評価を公平にする。売上と支払いを毎日管理する。設備を一新し最適化する。これだけで、社員の姿勢は変わりました。取引先の評価も、金融機関の態度も変わりました。

企業組織としてまったく機能せず、民事再生を受けて死に体だった私の会社のような状態からでもなんとかなりました。機械の老朽化で事業ストップを目前にした最悪の状態からも立ち直れたのです。

大手企業の規模では、経営トップがこのように従業員一人ひとりの様子をつぶさに見守るようなきめ細かなケアは期待できません。全員の名前を覚えていられる程度の規模で運営している中小企業だからこその強みです。大手企業はこのような人間的なつながりを保てない大規模組織ゆえに、ピラミッド型の構造で中央集約的な情報体系をもたざるを得ず、求心力を保つために神がかったような哲学を編み出しているわけです。憧れで真似をしたところで、身の丈に合わない服を着込んだようなもの、周囲には滑稽にしか映りません。

つまり、中小企業の経営における「当たり前」、凡事の改革10の心得を体現するうえで特に重要なのが、経営者自身が身の丈を適切に把握する自覚、そして目の前の一歩を地道に踏み出す実行力といえます。

大企業とは規模だけでなく組織構造も異なりますから、事業戦略も経営ビジョンも、大企業の経営者ほど哲学的になる必要も、人目を引く美しい言葉で飾る必要もありません。ただ、事実を示すデータをよりどころとし、決算の記載内容を踏まえて事業の見通しを立て、着実な改善に向かう事業計画に落とし込んでいければそれで十分なのです。経営者自身の言葉と思えない美辞麗句は、真似をすると実行可能性を引き下げ、かえってリスクが高いものだとわきまえておくことです。

毎日の売上と仕入れ、営業利益、キャッシュフローを見る、現場を回って従業員と会話をする、課長から現場の課題を聞くなど、中小企業の経営者は日々、地味な業務の繰り返しで最高の運営を行えるようあれこれ頭を悩ませています。大規模な企業の経営者や創業者などの名言・金言を見ると、つい真似をして経営者として格言めいたものをもち出して講釈を垂れたくなるところですが、ここは我慢して基本に立ち返ります。

伸び代はいくらでもある

平凡な中小企業は、平凡だからこそ、凡事を尽くすため地に足の着いた投資を行いたいところです。組織の要となるのは人ですから、職場の関係性を中心として報酬や人材育成などの形で投資を進めていきます。

一方で、特に製造業の場合、自社事業の主要な生産を支える生産工程は根幹となる部分ですから、この工程に関わる設備投資についても重要な問題として常に頭に入れておきます。施設・設備の刷新は巨額な資金を必要としますから、毎日の品質管理で着実な経営であることを伝え、タイミングを逃さず融資などの支援が受けられるよう、外部との関係性を十分な状態に整えておくのも経営トップの大切な投資活動の一つといえます。

そして、設備を新しく導入するときは、根幹となる工程の技術に関しては最新の機能への出費を惜しまず、数十年使い続けることができるよう、信頼のおけるメーカーの機械を導入したいところです。

並行して、将来的に市場ニーズが変化していった際にも職人の技術で柔軟に対応していけるよう、自社事業の最も重要な技術が継承できる要素を残した基本設備をそろえ、いざというときに底力を発揮できるよう備えておくのです。

私の会社の場合、顧客ニーズとして最も競争力をもっているのは、要求された品質を短納期で実現する生産体制です。これは自社の根幹となるブランディングですから、どんな場合でも確実に成果を上げることができるよう、板金の生産環境を整えています。

そして、ありがたいことに現在のジャンルである厨房機器以外のメーカーから仕事ぶりを評価され、引き合いが来るようにもなってきました。例えば、半導体関連や空調機器などです。

しかし、ジャンルが異なると、金型を変えれば対応できるという単純な話ではなくなります。求められる精度や扱う材質が変わるなど、現在の機械や職人では対応しきれないことが多く出てくる可能性があります。初めはうまくいったとしても、今の私の会社の技術力では持ち重りのする取引になっていくと思います。身の丈に合わない売上は、将来的に利益を失い、命取りにすらなりかねないのです。

現在の厨房機器のジャンルだけでも、事業の伸び代はまだまだあります。例えば、板金の工程から塗装や組み立てまでを一気通貫で行うなど、事業拡大の方向は一つではないのです。今の持ち味をもっと突き詰めていくことで、取ってくることのできる仕事がたくさんあります。

経営者である私の考えるべきは、何を企業の柱とし、芯となる強み部分をいかに見いだし育てていくか、その方向です。ぶれることなく着実に、日々の数字を武器にして探し続けていきたいと考えています。

これからの社会、新しい技術なども数多く出てきます。身の丈に合った事業戦略は、社会事情と自社の現状の両面を正確に把握する目を養い、金融の支援機関や取引先との関係を良好に保つための情報のアンテナを磨くことにもつながります。

ただ、身の丈に合った経営とはいえ、現状維持に特化した後ろ向きの課題解決や目先の情報収集だけでは、企業としては現状維持どころか衰退の一途をたどることになります。そうならないためには、自社の生産能力の把握やどこまでなら現状で設備投資することができるか、設備投資していつまでに投資を回収できるのかの判断が必要です。

設備投資できない場合は、いかに生産効率を上げて利益を出すか考えるとともに、その際の社員の負荷に伴うモチベーションの確保をしなければなりません。社員にはいつも助けられているという気持ちで接しています。

正範語録（せいはんごろく）の武田信玄の名言といわれるものに「実力の差は努力の差。実績の差は責任感の差。人格の差は苦労の差。判断力の差は情報の差。真剣だと知恵が出る。中途半端だと愚痴が出る。いい加減だと言い訳が出る。本気でするからたいていのことはできる。本気でするから面白い。本気でしているから誰かが助けてくれる」というものがあります。

仕事に本気で取り組んでいたら自然と周りがついて来てくれて、ゆっくりではあるけれど従業員や会社も少しずつ成長し、取引先も信頼してくれます。周りにチヤホヤされて自分の実力以上のことをしようと思わなければなんとかなるのです。急に成長すれば社員もついて来るのが大変だし、ついて来られる社員しか残りません。

本書の記載内容を参考に、基本に立ち返り、無意識のうちに体が動くような「当たり前」のレベルになるまで、地道な経営を続けることが大事です。「品質」「人材」「設備」の3方向から効果的な事業戦略を紐解き、具体的な数字を基に計画を定めていきたいところです。

おわりに

岡山県の津山市という田舎の地で板金業の5代目を継ぎ、約8年が経ちました。父の代で総額10億円に届くほどの負債を抱え、民事再生を受けて瀕死の状態にまで陥った会社でしたが、5代目社長として引き継いだあと、「品質管理」「社員への利益還元」「設備投資」を柱に地道な体質改善を続けたことにより、周囲の信頼を取り戻してどん底の状態を脱し、新工場を建設して年商7億円の事業に拡大するまでに至りました。ここまで、本当に多くの人々に支えられてきました。ありがたく、また申し訳ない気持ちでいっぱいです。

本書は、これまでの道筋をたどりつつ、全国で同じように悩みながらも頑張っている中小企業の経営者にエールを送るため、凡人が「当たり前」を尽くすことの大切さをまとめたものです。

私がそうだったように、目立った才能もカリスマ的オーラもないごく平凡な人間が成り行きで社長になってしまったという人は、特に地方の2代目、3代目の経営者では多いと思います。でも安心してください。中小企業にとっては、平凡であることがむしろ大切なのです。

平凡な中小企業の経営者の歩みは、寓話にある「うさぎとかめ」の、かめの歩みのようなものです。誰の目にも映っているはずなのに、意識されることがないほどの凡事をコツコツと重ねていくうちに、自分はうさぎだ、いざとなったら走っていけると才能に溺れ、いつまでも行動を起こさない人たちを追い越して、自分の目指すゴールにたどりつくことができるのです。

私の進めた10の体質改善策は、ヒト・モノ・カネの基本を丁寧にすくいとり、身の丈に合った方法で軌道を整えるための日常をつくります。地味で目立たないものばかりですが、着実に一歩を踏み出せます。私の会社のように債務整理がのしかかるどん底の状態からでも、V字回復できる可能性があるものです。

これからも私は、倦(う)むことなくこの基本の歩みを続けていきたいと思っています。とはいえ、年齢を重ねていく分、少しずつ周囲の関係性も変化していくはずです。今後は特に、事業承継を意識する場面が増えるかもしれません。私の子どもたちも、今は社長の子であることを特に考えずに過ごしているはずですが、これにしても、私と子どもたちとは別の人格ですから決めつけることはできません。

彼らが自分の言葉で未来を語るようになったとき、一人の人間同士として真摯に向き合い、お互いの身の丈に合った歩み方を一緒に考えていくことになるのだろうと想像しています。

我が子が継ぐにしろ、M&Aのような形でどこかに引き継ぎを願うにしろ、会社という組織の経営を始めた以上、私には、社員とその家族を守るため、なんらかの形で事業を続けられるようにしていく務めがあります。

最高の承継になるよう、平凡だからこそ力強く歩む企業として、これからもコツコツと「当たり前」の経営を続け、身の丈に合った伸び代を育てていきたいと考えています。

芦田 裕士（あしだ ひろし）

芦田産業株式会社代表取締役社長。

1979年岡山県生まれ。関西大学経済学部を卒業後、旧岡山県中央町商工会で勤務したのちに上京し、代々木アニメーション学院に入学。同校卒業後、ゲーム会社に就職するも数カ月で退職し、2009年に父親の経営していた芦田産業に入社。2016年、同社代表取締役社長就任。人材育成・財務・業務における改革を行い、危機的状況にあった経営を立て直す。

本書についての
ご意見・ご感想はコチラ

地方中小メーカー5代目が挑んだ企業再生
平凡という非凡

二〇二四年三月一八日 第一刷発行

著　者　芦田裕士
発行人　久保田貴幸
発行元　株式会社 幻冬舎メディアコンサルティング
〒一五一-〇〇五一 東京都渋谷区千駄ヶ谷四-九-七
電話 〇三-五四一一-六四四〇（編集）
発売元　株式会社 幻冬舎
〒一五一-〇〇五一 東京都渋谷区千駄ヶ谷四-九-七
電話 〇三-五四一一-六二二二（営業）

印刷・製本　中央精版印刷株式会社

装　丁　秋庭祐貴

検印廃止

Printed in Japan ISBN 978-4-344-94771-9 C0034
幻冬舎メディアコンサルティングＨＰ https://www.gentosha-mc.com/